高等职业教育建设工程管理类专业系列教材
GAODENG ZHIYE JIAOYU JIANSHE GONGCHENG GUANLI LEI ZHUANYE XILIE JIAOCAI

新形态教材

U0180967

GANGJIN GONGCHENG SHITU YU SUANLIANG

钢筋工程识图与算量

主　编 / 张会利　杨　祎　曾康燕

副主编 / 冯亚飞　罗　曼

重庆大学出版社

内容提要

本书依据现行国家建筑标准设计图集 22G101 和 18G901 系列,对柱、梁、板、剪力墙、楼梯、基础的平法制图规则和钢筋构造进行了讲解;依托某宿舍楼工程实例,识读结构施工图并按照现浇构件钢筋工程量计算规则即以中轴线长度对该工程中涉及的常用构件的钢筋进行手工算量。本书融入大量三维示意图,以区分不同钢筋类型和钢筋构造,方便读者理解。

本书可以作为高等职业院校工程造价、建设工程管理、建设工程监理、建筑工程技术专业的教学用书,也可作为钢筋工程施工人员抽筋下料的参考用书。

图书在版编目(CIP)数据

钢筋工程识图与算量/张会利,杨祎,曾康燕主编
. --重庆:重庆大学出版社,2022.8(2024.2 重印)
高等职业教育建设工程管理类专业系列教材
ISBN 978-7-5689-3342-1

Ⅰ.①钢… Ⅱ.①张… ②杨… ③曾… Ⅲ.①配筋工程—工程制图—识图—高等职业教育—教材 ②配筋工程—工程计算—高等职业教育—教材 Ⅳ.①TU755.3

中国版本图书馆 CIP 数据核字(2022)第 097548 号

高等职业教育建设工程管理类专业系列教材
钢筋工程识图与算量
主 编 张会利 杨 祎 曾康燕
副主编 冯亚飞 罗 曼
责任编辑:刘颖果 版式设计:刘颖果
责任校对:王 倩 责任印制:赵 晟
*
重庆大学出版社出版发行
出版人:陈晓阳
社址:重庆市沙坪坝区大学城西路 21 号
邮编:401331
电话:(023) 88617190 88617185(中小学)
传真:(023) 88617186 88617166
网址:http://www.cqup.com.cn
邮箱:fxk@ cqup.com.cn(营销中心)
全国新华书店经销
重庆新华印刷厂有限公司印刷
*
开本:787mm×1092mm 1/16 印张:12.5 字数:354 千 插页:8 开 8 页
2022 年 8 月第 1 版 2024 年 2 月第 4 次印刷
印数:8 001—11 000
ISBN 978-7-5689-3342-1 定价:49.00 元

前　言

钢筋工程识图与算量是工程造价专业学生必须学习和掌握的基础知识。目前"钢筋工程识图与算量"的教材有很多，但大多以平面图形表达钢筋构造，平面图形比较抽象，不利于学生的学习；且大多依据"外皮长度"进行钢筋工程量计算，但在实际工作中，部分地区是以中轴线长度来计算钢筋工程量的，现有教材不能满足这些地区学生的学习需要。基于此，编者编写了本书。本书采用三维示意图来表达钢筋构造，便于学生理解，且按中轴线长度计算钢筋工程量，可以补充完善钢筋工程量的计算公式。

本书根据《混凝土结构工程施工质量验收规范》(GB 50204—2015)、《重庆市房屋建筑与装饰工程计价定额》(CQJZZSDE—2018)、《混凝土结构施工图平面整体表示方法制图规则和构造详图(现浇混凝土框架、剪力墙、梁、板)》(22G101—1)、《混凝土结构施工图平面整体表示方法制图规则和构造详图(现浇混凝土板式楼梯)》(22G101—2)、《混凝土结构施工图平面整体表示方法制图规则和构造详图(独立基础、条形基础、筏形基础、桩基础)》(22G101—3)、《混凝土结构施工钢筋排布规则与构造详图(现浇混凝土框架、剪力墙、梁、板)》(18G901—1)、《混凝土结构施工钢筋排布规则与构造详图(现浇混凝土板式楼梯)》(18G901—2)、《混凝土结构施工钢筋排布规则与构造详图(独立基础、条形基础、筏形基础、桩基础)》(18G901—3)等相关规范和标准进行编写。

本书详细阐述了柱、梁、板、墙、楼梯、基础六大类构件的制图规则，通过三维图形显示构件内的主要钢筋布置要求，依托实际案例——宿舍楼工程，进行实际工程施工图的识读和钢筋工程量的计算。本书图文并茂，通俗易懂，理论联系实际，通过实际工程的讲解，有助于提高读者的理解能力和知识应用能力。

本书由校企合作共同编写，由重庆建筑科技职业学院张会利、杨祎、曾康燕担任主编，重庆建筑科技职业学院冯亚飞、罗曼担任副主编。具体编写分工为：张会利编写第 1 章、第 3 章及第 7 章第 1 ~ 3 节，并和杨祎、罗曼共同编写第 2 章，曾康燕编写第 4 章，杨祎编写第 7 章第 4 ~ 5 节，冯亚飞和广西建设职业技术学院陈玲燕共同编写第 5 章，杨娥和明科建设咨询有限公司马小均共同编写第 6 章，郭远方为本书的编写提供了实训资料。

在本书编写过程中参考和借鉴了大量的优秀书籍和文献资料，在此向有关作者表示由衷的感谢。本书凝聚了每位编写者的教学和工作经验，希望能对学生及相关人员的学习提供帮助。

由于编者水平有限，书中难免存在疏漏和不妥之处，敬请读者批评指正。

编　者
2022 年 3 月

目　录

附录 宿舍楼工程结构施工图

1 钢筋工程识图与算量基础知识

1.1 平法的基础知识

1.1.1 平法的内涵

"平法"是"建筑结构施工图平面整体设计方法"的简称。平法的表达形式,概括来讲,是把结构构件的尺寸和配筋等,按照平面整体表示方法制图规则,整体直接地表达在各类构件的结构平面布置图上,再与标准构造详图相配合,构成一套完整的结构设计施工图纸。

在平面布置图上表示各构件尺寸和配筋的方式,分平面注写、列表注写和截面注写3种。

按平法设计绘制结构施工图时,应当用表格或其他方式注明包括地下和地上各层的结构层楼(地)面标高、结构层高及相应的结构层号。其结构层楼面标高和结构层高在单项工程中必须统一,以保证基础、柱与墙、梁、板、楼梯等用统一标准竖向定位。为施工方便,应将统一的结构层楼面标高和结构层高分别表示在墙、柱、梁等各类构件的平法施工图中。

钢筋工程识图与算量编写依据及计算规则

本书主要依据 22G101 系列图集讲解各构件的钢筋识图和算量,部分参考 18G901 系列图集。22G101 系列图集和 18G901 系列图集分别有三册,如图 1.1 所示。

图 1.1　22G101、18G901 系列图集封面图

1.1.2　平法中常用钢筋的类型、符号及图样

钢筋混凝土结构中的钢筋分为普通钢筋和预应力钢筋等。普通钢筋外形有光圆和带肋两类。带肋钢筋又分为螺旋纹钢筋、人字纹钢筋和月牙纹钢筋 3 种,统称为变形钢筋。22G101 系列图集中常用钢筋的牌号、符号及图样如表 1.1 所示。

表 1.1　平法中常用的钢筋

表面形状	牌号	牌号构成	符号	图样
光圆	HPB300	HPB+屈服强度特征值	ϕ	
带肋	HRB400	HRB+屈服强度特征值	Φ	
	HRBF400	HRBF+屈服强度特征值	Φ^F	
	HRB500	HRB+屈服强度特征值	Φ	
	HRBF500	HRBF+屈服强度特征值	Φ^F	

注:①HPB 为热轧光圆钢筋,HRB 为热轧带肋钢筋,HRBF 为细晶粒热轧钢筋。
　　②带肋钢筋中,一般 HRB400 钢筋轧制成人字形,HRB500 钢筋轧制成螺旋形及月牙形。

1.1.3　平法中钢筋的表示形式

钢筋的表示形式如下所示,其中钢筋间距是指钢筋中心线之间的距离。

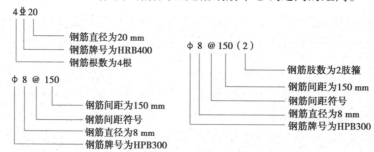

钢筋直径的单位为 mm。常见直径规格有 6,8,10,12,14,16,18,20,22,25,28,32 mm 等。

1.2 钢筋算量的基础知识

1.2.1 钢筋工程量计算规则

根据《房屋建筑与装饰工程工程量计算规范》(GB 50854—2013)及《重庆市房屋建筑与装饰工程计价定额》(CQJZZSDE—2018)的规定,钢筋工程包括现浇构件钢筋、预制构件钢筋、钢筋网片、钢筋笼等项目,其工程量按设计图示钢筋(网)长度(面积)乘以单位理论质量计算,以"t"为单位。本书主要对现浇构件钢筋进行讲解。本书在计算钢筋工程量的过程中,以t为单位时,保留三位小数,第四位四舍五入;为了减少算术误差,前后一致,计算中间过程结果和汇总结果以m、mm、kg为单位时,保留两位小数,第三位四舍五入。

混凝土构件钢筋质量 $G = \sum$ 钢筋单根长度 $L \times$ 钢筋根数 $n \times$ 钢筋每米理论质量 g

1)钢筋每米理论质量

$$钢筋每米理论质量(kg/m) = 0.006\ 17 \times d^2$$

常用钢筋每米理论质量如表1.2所示。

表1.2 常用钢筋每米理论质量

公称直径/mm	公称横截面面积/mm²	理论质量/(kg·m⁻¹)
6	28.27	0.222
8	50.27	0.395
10	78.54	0.617
12	113.1	0.888
14	153.9	1.21
16	201.1	1.58
18	254.5	2.00
20	314.2	2.47
22	380.1	2.98
25	490.9	3.85
28	615.8	4.83
32	804.2	6.31
36	1 018	7.99
40	1 257	9.87
50	1 964	15.42

2)钢筋根数的计算

设计图明确钢筋根数的,按照设计图给出的根数计算;设计图未明确钢筋根数的,以间距布置的钢筋计算根数时,当计算结果有小数时,按向上取整的原则计算。

3)钢筋单根长度的计算

根据《重庆市房屋建筑与装饰工程计价定额》(CQJZZSDE—2018)(以下简称"重庆市定额")的规定,钢筋长度按设计图示长度(钢筋中轴线长度)计算。其计算公式为:

钢筋单根长度=净长+节点锚固长度+搭接长度+弯钩(HPB300 钢筋)-弯折调整值

净长一般用构件的设计尺寸进行计算,节点锚固长度、搭接长度、根数是钢筋工程量计算的核心内容。因为钢筋平法和设计图中的设计尺寸一般都是钢筋外皮的长度,而计算规则需计算中轴线长度(图1.2),所以钢筋单根长度的计算还需要考虑弯折调整值。

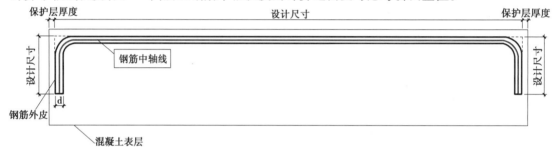

图1.2 钢筋弯折示意图

1.2.2 钢筋工程量计算基础知识

1)混凝土保护层厚度

(1)混凝土保护层厚度的含义

混凝土保护层厚度指构件最外层钢筋外边缘至混凝土表面的距离,用 c 表示,如图1.3所示。

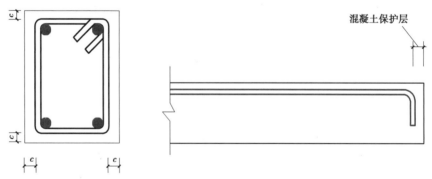

图1.3 混凝土保护层厚度示意图

(2)混凝土结构保护层的取值

①混凝土结构的环境类别。混凝土结构的环境类别如表1.3所示,它是影响混凝土保护层厚度的因素之一。

表 1.3　混凝土结构的环境类别

环境类别	条件
一	室内干燥环境;无侵蚀性静水浸没环境
二 a	室内潮湿环境;非严寒和非寒冷地区的露天环境; 非严寒和非寒冷地区与无侵蚀性的水或土壤直接接触的环境; 严寒和寒冷地区的冰冻线以下与无侵蚀性的水或土壤直接接触的环境
二 b	干湿交替环境;水位频繁变动环境;严寒和寒冷地区的露天环境; 严寒和寒冷地区冰冻线以上与无侵蚀性的水或土壤直接接触的环境
三 a	严寒和寒冷地区冬季水位变动区环境;受除冰盐影响环境;海风环境
三 b	盐渍土环境;受除冰盐作用环境;海岸环境
四	海水环境
五	受人为或自然的侵蚀性物质影响的环境

注:①室内潮湿环境是指构件表面经常处于结露或湿润状态的环境。
②严寒和寒冷地区的划分应符合现行国家标准《民用建筑热工设计规范》(GB 50176)的有关规定。
③海岸环境和海风环境宜根据当地情况,考虑主导风向及结构所处迎风、背风部位等因素的影响,由调查研究和工程
经验确定。
④受除冰盐影响环境是指受到除冰盐盐雾影响的环境;受除冰盐作用环境是指被除冰盐溶液溅射的环境以及使用除
冰盐地区的洗车房、停车楼等建筑。
⑤混凝土结构的环境类别是指混凝土暴露表面所处的环境。

②混凝土保护层的最小厚度。混凝土保护层的最小厚度如表 1.4 所示,若设计图上未说
明,则按此表取值;若设计图上有明确规定,则按设计图规定取值。

表 1.4　混凝土保护层的最小厚度　　　　单位:mm

环境 类别	板、墙		梁、柱		基础梁(顶面和侧面)		独立基础、条形基础、 筏形基础(顶面和侧面)	
	≤C25	≥C30	≤C25	≥C30	≤C25	≥C30	≤C25	≥C30
一	20	15	25	20	25	20	—	—
二 a	25	20	30	25	30	25	25	20
二 b	30	25	40	35	40	35	30	25
三 a	35	30	45	40	45	40	35	30
三 b	45	40	55	50	55	50	45	40

注:①表中混凝土保护层厚度指最外层钢筋外边缘至混凝土表面的距离,适用于设计使用年限为50年的混凝土结构。
②构件中受力钢筋的保护层厚度不应小于钢筋的公称直径 d。
③一类环境中,设计工作年限为100年的结构最外层钢筋的保护层厚度不应小于表中数值的1.4 倍;二、三类环境中,
设计工作年限为100年的结构应采取专门的有效措施;四类和五类环境的混凝土结构,其耐久性要求应符合国家
现行有关标准的规定。
④钢筋混凝土基础宜设置混凝土垫层,基础底部的钢筋混凝土保护层厚度从垫层顶面算起,且不应小于40 mm;无垫
层时,不应小于70 mm。
⑤灌注桩的纵向受力钢筋的混凝土保护层厚度不应小于50 mm,腐蚀环境中桩的纵向受力钢筋的混凝土保护层厚度
不应小于55 mm。
⑥桩基承台及承台梁:承台底面钢筋的保护层厚度,当有混凝土垫层时,不应小于50 mm;无垫层时不应小于70 mm;
此外尚应不小于桩头嵌入承台内的长度。

在结构施工图中,环境的类别会在图纸中直接给出。

2）钢筋的锚固长度

混凝土结构中钢筋能够受力主要是依靠钢筋和混凝土之间的黏结作用。钢筋的锚固长度是指钢筋伸入支座的长度,其取值与钢筋的种类、强度等级、直径以及外形有关。

①受拉钢筋的基本锚固长度 l_{ab} 和抗震设计时受拉钢筋基本锚固长度 l_{abE},分别如表 1.5 和表 1.6 所示。

表 1.5　受拉钢筋的基本锚固长度 l_{ab}　　　　　　单位:mm

钢筋种类	混凝土强度等级							
	C25	C30	C35	C40	C45	C50	C55	≥C60
HPB300	34d	30d	28d	25d	24d	23d	22d	21d
HRB400、HRBF400、RRB400	40d	35d	32d	29d	28d	27d	26d	25d
HRB500、HRBF500	48d	43d	39d	36d	34d	32d	31d	30d

表 1.6　抗震设计时受拉钢筋的基本锚固长度 l_{abE}　　　　　　单位:mm

钢筋种类		混凝土强度等级							
		C25	C30	C35	C40	C45	C50	C55	≥C60
HPB300	一、二级	39d	35d	32d	29d	28d	26d	25d	24d
	三级	36d	32d	29d	26d	25d	24d	23d	22d
HRB400、HRBF400	一、二级	46d	40d	37d	33d	32d	31d	30d	29d
	三级	42d	37d	34d	30d	29d	28d	27d	26d
HRB500、HRBF500	一、二级	55d	49d	45d	41d	39d	37d	36d	35d
	三级	50d	45d	41d	38d	36d	34d	33d	32d

注:①四级抗震时,$l_{abE} = l_{ab}$。

　　②混凝土强度等级应取锚固区的混凝土强度等级。

　　③当锚固钢筋的保护层厚度不大于 5d 时,锚固钢筋长度范围内应设置横向构造钢筋,其直径不应小于 $d/4$(d 为锚固钢筋的最大直径);对梁、柱等构件间距不应大于 5d,对板、墙等构件间距不应大于 10d,且均不应大于 100 mm(d 为锚固钢筋的最小直径)。

②受拉钢筋的锚固长度 l_a 和抗震锚固长度 l_{aE},分别见表 1.7 和表 1.8。

【例】C30 的混凝土柱,四级抗震,HRB400 级、直径 20 mm 的钢筋抗震锚固长度是多少?

【例】C35 的混凝土柱,二级抗震,HRB400 级、直径 28 mm 的钢筋抗震锚固长度是多少?

表 1.7 受拉钢筋的锚固长度 l_a

单位:mm

钢筋种类	C25		C30		C35		C40		C45		C50		C55		≥C60	
	d≤25	d>25	d≤25	d>25	d≤25	d>25	d≤25	d>25	d≤25	d>25	d≤25	d>25	d≤25	d>25	d≤25	d>25
HPB300	34d	—	30d	—	28d	—	25d	—	24d	—	23d	—	22d	—	21d	—
HRB400、HRBF400、RRB400	40d	44d	35d	39d	32d	35d	29d	32d	28d	31d	27d	30d	26d	29d	25d	28d
HRB500、HRBF500	48d	53d	43d	47d	39d	43d	36d	40d	34d	37d	32d	35d	31d	34d	30d	33d

表 1.8 受拉钢筋的抗震锚固长度 l_{aE}

单位:mm

钢筋种类及抗震等级		C25		C30		C35		C40		C45		C50		C55		≥C60	
		d≤25	d>25	d≤25	d>25	d≤25	d>25	d≤25	d>25	d≤25	d>25	d≤25	d>25	d≤25	d>25	d≤25	d>25
HPB300	一、二级	39d	—	35d	—	32d	—	29d	—	28d	—	26d	—	25d	—	24d	—
	三级	36d	—	32d	—	29d	—	26d	—	25d	—	24d	—	23d	—	22d	—
HRB400、HRBF400	一、二级	46d	51d	40d	45d	37d	40d	33d	37d	32d	36d	31d	35d	30d	33d	29d	32d
	三级	42d	46d	37d	41d	34d	37d	30d	34d	29d	33d	28d	32d	27d	30d	26d	29d
HRB500、HRBF500	一、二级	55d	61d	49d	54d	45d	49d	41d	46d	39d	43d	37d	40d	36d	39d	35d	38d
	三级	50d	56d	45d	49d	41d	45d	38d	42d	36d	39d	34d	37d	33d	36d	32d	35d

注:①当为环氧树脂涂层带肋钢筋时,表中数据尚应乘以1.25。
②当纵向受拉钢筋在施工过程中易受扰动时,表中数据尚应乘以1.1。
③当锚固长度范围内纵向受力钢筋周边保护层厚度为3d(d为锚固钢筋的直径)时,表中数据可乘以0.8;保护层厚度不小于5d时,表中数据可乘以0.7;中间时按内插值。
④当纵向受拉普通钢筋锚固长度修正系数(注①~注③)多于一项时,可按连乘计算。
⑤受拉钢筋的锚固长度 l_a、l_{aE} 计算值不应小于200 mm。
⑥四级抗震时,$l_{aE}=l_a$。
⑦当锚固钢筋的保护层厚度不大于5d时,锚固钢筋长度范围内应设置横向构造钢筋,其直径不应小于d/4(d为锚固钢筋的最大直径);对梁、柱等构件间距不应大于5d,对板、墙等构件间距不应大于10d,且均不应大于100 mm(d为锚固钢筋的最小直径)。
⑧HPB300钢筋末端应做180°弯钩,做法详见22G101—1图集第2-2页。
⑨混凝土强度等级应取锚固区的混凝土强度等级。

3)钢筋连接及钢筋搭接长度的计算

钢筋的连接形式主要有绑扎搭接、机械连接、焊接连接。机械连接和焊接连接又包含多种形式,此处仅以电渣压力焊示意,如图1.4所示。其中,钢筋搭接长度按设计图示及规范计入钢筋工程量计算,分为纵向受拉钢筋搭接长度 l_l 和抗震搭接长度 l_{lE},取值分别如表1.9和表1.10所示,同一区段内纵向受拉钢筋连接接头如图1.5所示;机械连接(含直螺纹和锥螺纹)、电渣压力焊接头按数量以"个"计算,该部分钢筋不再计算其搭接用量。

搭接长度=钢筋单个搭接头的长度×搭接个数

绑扎搭接　　　　　　机械连接　　　　　　电渣压力焊

图1.4 钢筋连接形式示意图

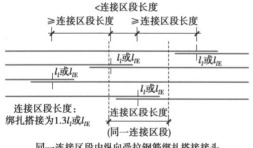 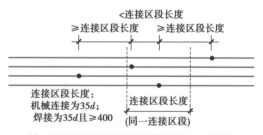

同一连接区段内纵向受拉钢筋绑扎搭接接头　　同一连接区段内纵向受拉钢筋机械连接、焊接接头

注:①d 为相互连接两根钢筋中较小直径;当同一构件内不同连接钢筋计算连接区段长度不同时取大值。

②凡接头中点位于连接区段长度内,连接接头均属同一连接区段。

③同一连接区段内纵向钢筋搭接接头面积百分率,为该区段内有连接接头的纵向受力钢筋截面面积与全部纵向钢筋截面面积的比值(当直径相同时,图示钢筋连接接头面积百分率为50%)。

图1.5 同一连接区段内的纵向受拉钢筋连接接头

重庆市定额规定,钢筋的搭接(接头)数量按设计图示及规范计算,设计图示及规范未标明的,以构件的单根钢筋确定。水平钢筋直径 $\phi10$ 以内按每12 m长计算一个搭接(接头);$\phi10$ 以上按每9 m长计算一个搭接(接头)。竖向钢筋搭接(接头)按自然层计算,当自然层层高大于9 m时,除按自然层计算外,应增加每9 m或12 m长计算的接头量。

单位:mm

表 1.9 纵向受拉钢筋搭接长度 l_l

钢筋种类及同一区段内搭接钢筋面积百分率		混凝土强度等级															
		C25		C30		C35		C40		C45		C50		C55		≥C60	
		d≤25	d>25	d≤25	d>25	d≤25	d>25	d≤25	d>25	d≤25	d>25	d≤25	d>25	d≤25	d>25	d≤25	d>25
HPB300	≤25%	41d	—	36d	—	34d	—	30d	—	29d	—	28d	—	26d	—	25d	—
	50%	48d	—	42d	—	39d	—	35d	—	34d	—	32d	—	31d	—	29d	—
	100%	54d	—	48d	—	45d	—	40d	—	38d	—	37d	—	35d	—	34d	—
HRB400 HRBF400 RRB400	≤25%	48d	53d	42d	47d	38d	42d	35d	38d	34d	37d	32d	36d	31d	35d	30d	34d
	50%	56d	62d	49d	55d	45d	49d	41d	45d	39d	43d	38d	42d	36d	41d	35d	39d
	100%	64d	70d	56d	62d	51d	56d	46d	51d	45d	50d	43d	48d	42d	46d	40d	45d
HRB500 HRBF500	≤25%	58d	64d	52d	56d	47d	52d	43d	48d	41d	44d	38d	42d	37d	41d	36d	40d
	50%	67d	74d	60d	66d	55d	60d	50d	56d	48d	52d	45d	49d	43d	48d	42d	46d
	100%	77d	85d	69d	75d	62d	69d	58d	64d	54d	59d	51d	56d	50d	54d	48d	53d

注:①表中数值为纵向受拉钢筋绑扎搭接接头的搭接长度。

②两根不同直径钢筋搭接时,表中 d 取钢筋较小直径。

③当为环氧树脂涂层带肋钢筋时,表中数据尚应乘以1.25。

④当纵向受拉钢筋在施工过程中易受扰动时,表中数据尚应乘以1.1。

⑤当搭接长度范围内纵向受力钢筋周边保护层厚度为3d(d 为搭接钢筋的直径)时,表中数据可乘以0.8;保护层厚度不小于5d时,表中数据可乘以0.7;中间时按内插值。

⑥当上述修正系数(注③~注⑤)多于一项时,可按连乘计算。

⑦当位于同一连接区段内的钢筋搭接接头面积百分率为表中数据中间值时,搭接长度可按内插取值。

⑧任何情况下,搭接长度不应小于300 mm。

⑨HPB300 钢筋末端应做180°弯钩,做法详见22G101-1 第2-2 页。

单位:mm

表 1.10　纵向受拉钢筋抗震搭接长度 l_{lE}

钢筋种类及同一区段内搭接钢筋面积百分率			混凝土强度等级													
			C25		C30		C35		C40		C45		C50		C55		≥C60
			d≤25	d>25	d≤25	d>25	d≤25	d>25	d≤25	d>25	d≤25	d>25	d≤25	d>25	d≤25	d>25	d≤25	d>25
一、二级抗震等级	HPB300	≤25%	47d	—	42d	—	38d	—	35d	—	34d	—	31d	—	30d	—	29d	—
		50%	55d	—	49d	—	45d	—	41d	—	39d	—	36d	—	35d	—	34d	—
	HRB400 HRBF400	≤25%	55d	61d	48d	54d	44d	48d	40d	44d	38d	43d	37d	42d	36d	40d	35d	38d
		50%	64d	71d	56d	63d	52d	56d	46d	52d	45d	50d	43d	49d	42d	46d	41d	45d
	HRB500 HRBF500	≤25%	66d	73d	59d	65d	54d	59d	49d	55d	47d	52d	44d	48d	43d	47d	42d	46d
		50%	77d	85d	69d	76d	63d	69d	57d	64d	55d	60d	52d	56d	50d	55d	49d	53d
三级抗震等级	HPB300	≤25%	43d	—	38d	—	35d	—	31d	—	30d	—	29d	—	28d	—	26d	—
		50%	50d	—	45d	—	41d	—	36d	—	35d	—	34d	—	32d	—	31d	—
	HRB400 HRBF400	≤25%	50d	55d	44d	49d	41d	44d	36d	41d	35d	40d	34d	38d	32d	36d	31d	35d
		50%	59d	64d	52d	57d	48d	52d	42d	48d	41d	46d	39d	45d	38d	42d	36d	41d
	HRB500 HRBF500	≤25%	60d	67d	54d	59d	49d	54d	46d	50d	43d	47d	41d	44d	40d	43d	38d	42d
		50%	70d	78d	63d	69d	57d	63d	53d	59d	50d	55d	48d	52d	46d	50d	45d	49d

注:注①～注⑨同表1.9;

⑩四级抗震等级时,$l_{lE}=l_l$,详见22G101—1第2-5页。

⑪当位于同一连接区段内的钢筋搭接接头百分率为100%时,$l_{lE}=1.6l_{aE}$。

4)钢筋弯折长度调整

钢筋弯折时需要对钢筋的弯折长度进行调整。钢筋弯折如图 1.6 所示,22G101—1 对钢筋弯折的弯弧内直径 D 要求如下:

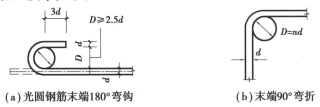

(a)光圆钢筋末端180°弯钩   (b)末端90°弯折

图 1.6 钢筋弯钩和弯折的弯弧内直径示意图

①光圆钢筋不应小于钢筋直径的 2.5 倍。

②400 MPa 级带肋钢筋不应小于钢筋直径的 4 倍。

③500 MPa 级带肋钢筋,当直径 $d \leqslant 25$ mm 时,不应小于钢筋直径的 6 倍;当直径 $d > 25$ mm 时,不应小于钢筋直径的 7 倍。

④位于框架结构顶层端节点处的梁上部纵向钢筋和柱外侧纵向钢筋,在节点角部弯折处,当钢筋直径 $d \leqslant 25$ mm 时,不应小于钢筋直径的 12 倍;当直径 $d > 25$ mm 时,不应小于钢筋直径的 16 倍。

⑤箍筋弯折处尚不应小于纵向受力钢筋直径;箍筋弯折处纵向受力钢筋为搭接或并筋时,应按钢筋实际排布情况确定箍筋弯弧内直径。

根据重庆市定额的规定,钢筋按照钢筋中轴线计算长度,而设计中或图集中显示的是外皮尺寸,当钢筋有弯折时,需要对钢筋的长度计算值进行调整,以 90° 弯折为例,如图 1.7 所示。

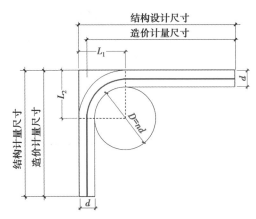

图 1.7 弯折调整示意图

弯折调整值的计算公式为:

$$弯折调整值 = L_1 + L_2 - 弯曲圆弧中心线长度$$
$$= (D/2 + d) + (D/2 + d) - \pi \times (D/2 + d/2) \times 2/4$$
$$= D + 2d - \pi \times (D + d)/4$$

例如,圆钢 $D = 2.5d$,则弯折调整值 $= D + 2d - \pi \times (D+d)/4 = 2.5d + 2d - (2.5d + d) \times \pi/4 =$

1.75d。以此类推,可以得到不同级别钢筋的弯折调整值,如表 1.11 所示。

表 1.11 常用弯折形式的弯折调整值

弯折角度	光圆钢筋、300 MPa 级钢筋	400 MPa 级带肋钢筋	500 MPa 级带肋钢筋	
	$D=2.5d$	$D=4d$	$d \leq 25$ $D=6d$	$d>25$ $D=7d$
135°	0.38d	0.11d	−0.25d	−0.42d
90°	1.75d	2.08d	2.5d	2.72d
45°	0.49d	0.52d	0.56d	0.59d
30°	0.29d	0.3d	0.31d	0.32d

宿舍楼工程中梁的钢筋均为 HRB400 钢筋,因此设计 90° 弯折的扣减长度为 2.08d,135° 弯折的扣减长度为 0.11d。

5)钢筋端部弯钩增加的长度

常用的弯钩为 135° 弯钩和 180° 弯钩。以 135° 弯钩为例,其端部弯钩示意图如图 1.8 所示,则其端部弯钩增加长度的计算公式为:

$$端部弯钩增加长度 = 弯曲圆弧中心线长度 - L$$

$$= \pi \times \left(\frac{D}{2} + \frac{d}{2} \right) \times 2 \times \frac{135}{360} - \left(\frac{D}{2} + d \right)$$

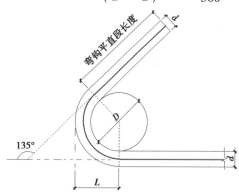

图 1.8 135° 端部弯钩示意图

当钢筋为 HRB400 时,将 $D=4d$ 代入公式,可得此时端部弯钩增加长度 = $\pi \times 5d \times 0.375 - 3d = 2.89d$。

以此类推,可以得到不同级别钢筋的弯钩增加长度值,如表 1.12 所示,表中 D 为弯弧内直径。

表 1.12 钢筋端部弯钩增加长度值

弯钩角度	光圆钢筋、300 MPa 级钢筋	400 MPa 级带肋钢筋	500 MPa 级带肋钢筋
	$D=2.5d$	$D=4d$	$D=6d$
180°	$3.25d$	$4.86d$	$7d$
135°	$1.9d$	$2.89d$	$4.25d$
90°	$0.5d$	$0.93d$	$1.5d$

本章小结

本章解释了平法的内涵,介绍了常用钢筋的类型、符号及图样,以及钢筋的表示形式;依据《重庆市房屋建筑与装饰工程计价定额》(CQJZZSDE—2018),分析了钢筋工程量的计算规则,给出了钢筋工程量的计算公式,并对钢筋工程量计算公式中涉及的基础知识进行了介绍,以便学生能够充分掌握平法识图与钢筋算量的基础知识。

课后练习

1. 什么是混凝土保护层厚度?
2. 钢筋锚固长度有哪些种类? 分别用什么符号表示?
3. 钢筋工程量以长度还是质量体现?
4. 4 ⚿ 22 表示什么意思? φ10@200 表示什么意思? φ10@150(4) 表示什么意思?

2 柱钢筋识图与算量

2.1 柱钢筋识图

2.1.1 柱的类型

依据22G101—1的规定,柱的类型有3种,柱类型及其三维示意图如表2.1所示。

表2.1 柱类型及其三维示意图

柱类型	代号	三维示意图	序号
框架柱	KZ		阿拉伯数字 1,2,3,4……
转换柱	ZHZ		

续表

柱类型	代号	三维图样	序号
芯柱	XZ	芯柱 框架柱	阿拉伯数字 1,2,3,4……

注:编号时,当柱的总高、分段截面尺寸和配筋均对应相同,仅截面与轴线的关系不同时,仍可将其编为同一柱号,但应在图中注明截面与轴线的关系。

2.1.2 柱列表注写方式

柱的列表注写方式,是在柱平面布置图上(一般只需采用适当比例绘制一张柱平面布置图,包括框架柱、转换柱、芯柱等),分别在同一编号的柱中选择一个(有时需要选择几个)截面标注几何参数代号;在柱表中注写柱编号、柱段起止标高、几何尺寸(含柱截面对轴线的定位情况)与配筋的具体数值,并配以柱截面形状及其箍筋类型的方式来表达柱平法施工图,如图2.1所示。

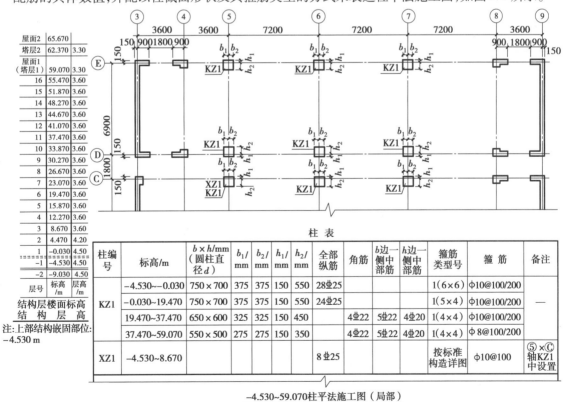

柱 表

柱编号	标高/m	b×h/mm (圆柱直径d)	b₁/mm	b₂/mm	h₁/mm	h₂/mm	全部纵筋	角筋	b边一侧中部筋	h边一侧中部筋	箍筋类型号	箍 筋	备注
KZ1	-4.530~-0.030	750×700	375	375	150	550	28⊕25				1(6×6)	Φ10@100/200	—
	-0.030~19.470	750×700	375	375	150	550	24⊕25				1(5×4)	Φ10@100/200	
	19.470~37.470	650×600	325	325	150	450		4⊕22	5⊕22	4⊕20	1(4×4)	Φ10@100/200	
	37.470~59.070	550×500	275	275	150	350		4⊕22	5⊕22	4⊕20	1(4×4)	Φ8@100/200	
XZ1	-4.530~8.670						8⊕25				按标准构造详图	Φ10@100	⑤×©轴KZ1中设置

-4.530~59.070柱平法施工图(局部)

图2.1 柱平法施工图列表注写方式示例

1）柱编号

柱的编号由类型代号和序号组成,应符合表2.1的规定。例如,KZ4表示序号为4的框架柱;XZ1表示序号为1的芯柱。

2）柱的起止标高

注写各段柱的起止标高,自柱根部往上以变截面位置或截面未变但配筋改变处为界分段注写。框架柱和转换柱的根部标高通常是指基础顶面标高;芯柱的根部标高是指根据结构实际需要而定的起始位置标高;梁上起框架柱的根部标高是指梁顶面标高;剪力墙上起框架柱的根部标高为墙顶面标高。

如图2.1所示,KZ1在标高-4.530~-0.030 m、-0.030~19.470 m、19.470~37.470 m、37.470~59.070 m,截面尺寸或配筋都有变化。

3）柱截面尺寸及与轴线的关系

①对于矩形柱,注写柱的截面尺寸 $b \times h$ 及与轴线关系的几何参数代号 b_1、b_2 和 h_1、h_2 的具体数值,须对应于各段柱分别注写。其中,$b=b_1+b_2$,$h=h_1+h_2$。当截面的某一边收缩变化至与轴线重合或偏到轴线的另一侧时,b_1、b_2、h_1、h_2 中的某项为零或负值。

如图2.1所示,表中 KZ1 在第一个标高段的截面尺寸为 750 mm×700 mm,x 轴方向定位在中心线方向即 375 mm 和 375 mm,y 轴方向定位在 150 mm 和 550 mm。

②对于圆柱,表中 $b \times h$ 一栏改用在圆柱直径数字前加 d 表示。为表达简单,圆柱截面与轴线的关系也用 b_1、b_2 和 h_1、h_2 表示,并使 $d=b_1+b_2=h_1+h_2$。

③对于芯柱,根据结构需要,可以在某些框架柱的一定高度范围内,在其内部的中心位置设置（分别引注其柱编号）。芯柱中心应与柱中心重合,并标注其截面尺寸,按22G101—1图集标准构造详图施工;当设计者采用与本构造详图不同的做法时,应另行注明。芯柱定位随框架柱,不需要注写其与轴线的几何关系。

如图2.1所示,⑤轴和Ⓒ轴相交处有 XZ1 标识,表明此处柱有芯柱,结合柱表可知芯柱标高为-4.530~8.670 m,其构造如图2.2所示。

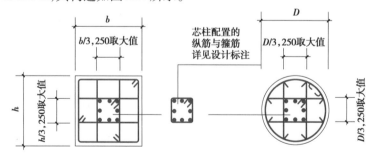

图2.2　芯柱配筋构造

注:纵筋的连接及根部锚固同框架柱,往上直通至芯柱柱顶标高。

4）柱纵筋

当柱纵筋直径相同,各边根数也相同时（包括矩形柱、圆柱和芯柱）,将纵筋注写在"全部纵筋"一栏中;除此之外,柱纵筋分角筋、截面 b 边中部筋和 h 边中部筋三项分别注写（对采用对称配筋的矩形截面柱,可仅注写一侧中部筋,对称边省略不注;对采用非对称配筋的矩形截面柱,必须每侧均注写中部筋)。

如图 2.1 所示,KZ1 在标高 -4.530 ~ -0.030 m 柱纵筋直径相同,各边根数也相同时,将纵筋注写在"全部纵筋"一栏中,即 28 Φ 25,在标高 -0.030 ~ 19.470 m,全部纵筋为 24 Φ 25;在标高 19.470 ~ 37.470 m 和 37.470 ~ 59.070 m 分角筋 4 Φ 22、截面 b 边一侧中部筋 5 Φ 22 和 h 边一侧中部筋 4 Φ 20 三项分别注写。

5)柱箍筋类型、箍筋肢数、箍筋级别、直径与间距

在箍筋类型栏目内注写按表 2.2 规定的箍筋类型编号和箍筋肢数,箍筋肢数可有多重组合,应在表中注明具体的数值:m、n 及 Y 等。

表 2.2　箍筋类型表

箍筋类型编号	箍筋肢数	复合方式
1	$m \times n$	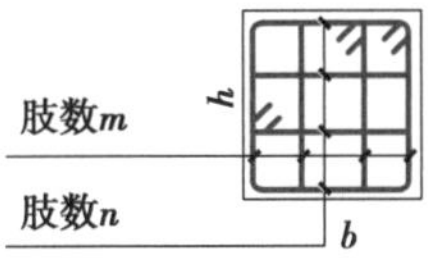 肢数m 肢数n
2	—	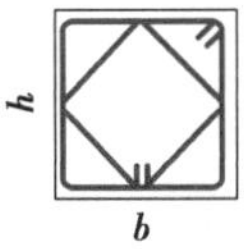
3	—	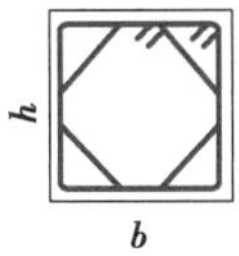
4	Y+$m \times n$ 圆形箍	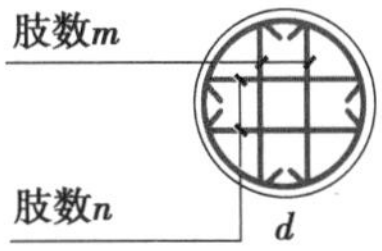 肢数m 肢数n

注:①确定箍筋肢数时应满足对柱纵筋"隔一拉一"以及箍筋肢距的要求。

②具体工程设计时,若采用超出本表所列举的箍筋类型或标准构造详图中的箍筋复合方式(见 22G101—1 第 2-17 页、第 2-18 页),应在施工图中另行绘制,并标注与施工图中对应的 b 和 h。

用斜线"/"区分柱端箍筋加密区与柱身非加密区长度范围内箍筋的不同间距。当箍筋沿柱全高为一种间距时,则不使用斜线"/"。当圆柱采用螺旋箍筋时,需在箍筋前加"L"。

如图 2.1 所示,φ10@100/200,表示箍筋为 HPB300 钢筋,直径为 10 mm,加密区间距为 100 mm,非加密区间距为 200 mm。

φ10@100/200(φ12@100),表示箍筋为 HPB300 钢筋,直径为 10 mm,加密区间距为 100 mm,非加密区间距为 200 mm。框架节点核心区箍筋为 HPB300 钢筋,直径为 12 mm,间距为 100 mm。

Lφ8@100/150,表示采用螺旋箍筋,直径为 8 mm 的 HPB300 钢筋,加密区间距为 100 mm,非加密区间距为 150 mm。

2.1.3 柱截面注写方式

柱截面注写方式,是在柱平面布置图的柱截面上,分别在同一编号的柱中选择一个截面,以直接注写截面尺寸和配筋具体数值来表达柱的平法施工图,如图 2.3 所示。

按表 2.1 进行编号,从相同编号中选择一个截面,按另一种比例原位放大绘制柱截面配筋图,并在各配筋图上继其编号后再注写截面尺寸 $b \times h$、角筋或全部纵筋(当纵筋采用一种直径且能够图示清楚时)、箍筋的具体数值,以及在柱截面配筋图上标注柱截面与轴线关系 b_1、b_2、h_1、h_2 的具体数值。

当纵筋采用两种直径时,需再注写截面各边中部筋的具体数值(对采用对称配筋的矩形截面柱,可仅在一侧注写中部筋,对称边省略不注)。

当在某些框架柱的一定高度范围内,在其内部的中心位置设置芯柱时,首先按照表 2.1 进行编号,继其编号之后注写芯柱的起止标高、全部纵筋及箍筋的具体数值,芯柱截面尺寸按构造确定,并按标准构造详图施工,设计不注。芯柱定位随框架柱,不需要注写其与轴线的几何关系。

如图 2.3 所示,⑤轴和Ⓓ轴相交处的 KZ1,表示 1 号框架柱,其截面尺寸为 650 mm×600 mm,即 b 边尺寸为 650 mm,h 边尺寸为 600 mm;4 ⊈22 表示角筋为 4 根直径 22 mm 的 HRB400 钢筋;b 边一侧中部为 5 根直径 22 mm 的 HRB400 钢筋,b 边另一侧中部筋对称布置;h 边一侧中部为 4 根直径 20 mm 的 HRB400 钢筋,h 边另一侧中部对称布置;箍筋为直径 10 mm 的 HPB300 钢筋,加密区间距为 100 mm,非加密区间距为 200 mm。⑤轴位于柱的中线,距离柱左右边距均为 325 mm;Ⓓ轴对于 KZ1 偏心,h_1、h_2 分别为 150 mm 和 450 mm。

图 2.3 中,⑤轴和Ⓑ轴相交处有 XZ1 标识,表明此处柱有芯柱,XZ1 表示 1 号芯柱,其标高为 19.47~30.27 m,芯柱的全部纵筋为 8 根直径 25 mm 的 HRB400 钢筋,箍筋为直径 10 mm 的 HPB300 钢筋,箍筋间距为 100 mm。

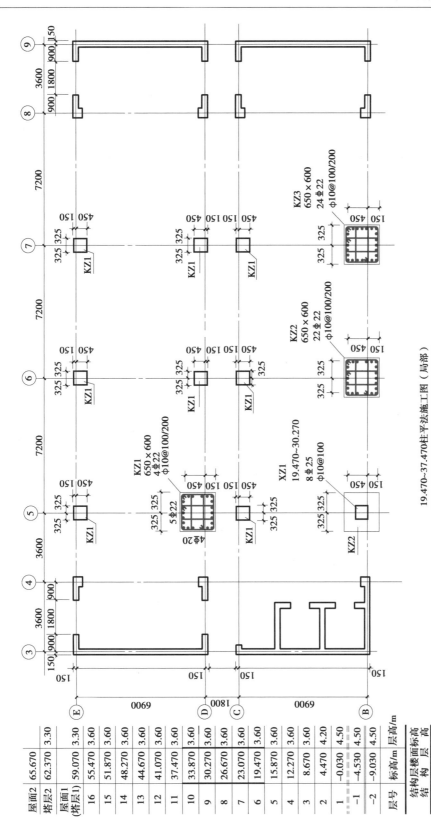

19.470～37.470柱平法施工图（局部）

图2.3 柱平法施工图截面注写方式示例

注：上部结构嵌固部位：−4.530 m。

层号	标高/m	层高/m		
屋面2	65.670	3.30		
塔层2	62.370	3.30		
屋面1 (塔层1)	59.070	3.60		
16	55.470	3.60		
15	51.870	3.60		
14	48.270	3.60		
13	44.670	3.60		
12	41.070	3.60		
11	37.470	3.60		
10	33.870	3.60		
9	30.270	3.60		
8	26.670	3.60		
7	23.070	3.60		
6	19.470	3.60		
5	15.870	3.60		
4	12.270	3.60		
3	8.670	3.60		
2	4.470	4.20		
1	−0.030	4.50		
−1	−4.530	4.50		
−2	−9.030	4.50		
层号	标高/m	层高/m		
	结构层楼面标高 结 构 层 高			

2.2 宿舍楼工程柱钢筋识图

2.2.1 宿舍楼工程结构施工图概述

1)层高

建筑概况:本建筑主要功能为宿舍,首层配有供企业内部员工使用的公用厨房和活动中心。

建筑高度:室外地面至屋面高为 19.35 m,女儿墙顶高为 20.55 m。

建筑层数:地上五层。

结构类型:钢筋混凝土框架结构。

由宿舍楼结构施工图层高表(图 2.4)可知,结构层高表和建筑层高相差 50 mm。50 mm 厚为建筑装饰层。

2)轴网

宿舍楼工程结构施工图是正交轴网,平行于Ⓐ、Ⓑ、Ⓒ、Ⓓ轴的为 x 向,平行于①~⑧轴的为 y 向。

平屋面	18.900	
5	15.250	3.65
4	11.650	3.60
3	8.050	3.60
2	4.450	3.60
1	−0.050	4.50
层号	标高/m	层高/m
结构层楼面标高		
结 构 层 高		

(嵌固端位于地梁顶面)

图 2.4 结构层高表

2.2.2 宿舍楼工程柱部分结构设计说明

如图 2.5 所示,可知宿舍楼工程抗震等级为四级,抗震设防烈度为 6 度。

> 六、建筑分类等级
> 1.建筑结构的安全等级:二级。
> 2.本工程主体结构的设计使用年限:50 年。
> 3.本工程建筑抗震设防类别:标准设防类。
> 4.抗震设防烈度:6 度,设计地震分组为第一组,设计基本地震加速度值为 0.05 g。
> 5.结构抗震等级:现浇钢筋混凝土框架结构的抗震等级为四级。

图 2.5 结构抗震等级设计说明

由结施-02 图纸中框架柱说明(图 2.6)可知,混凝土强度等级:基础顶面至标高 4.450 m 为 C40,标高 4.450 m 至屋面为 C30。钢筋:Ⅰ级钢筋为 HPB300,Ⅲ级钢筋为 HRB400。未注明核心区箍筋同柱加密区箍筋,箍筋肢数同柱箍筋肢数。首层地面以下的钢筋混凝土保护层厚度均为 35 mm,首层地面处建筑防水层做法详建筑图。

> 框架柱说明:
> 1.混凝土强度等级:基础顶面至标高 4.450 m 为 C40,标高 4.450 m 至屋面为 C30。
>   钢筋:Ⅰ级钢筋为 HPB300(φ),Ⅲ级钢筋为 HRB400(Φ)。
> 2.本图采用平法标注,参见国家建筑标准设计图集 22G101—1。
> 3.未注明核心区箍筋同柱加密区箍筋,箍筋肢数同柱箍筋肢数。
> 4.柱纵筋在基础中的构造详见图集 22G101—3 第 2-10 页。
> 5.柱箍筋加密区范围详见图集 22G101—1 第 2-11 页。
> 6.框架柱变截面位置纵向钢筋构造详见图集 22G101—1 第 2-16 页。
> 7.首层地面以下的钢筋混凝土保护层厚度均为 35 mm,首层地面处建筑防水层做法详建筑图。
> 8.未尽事宜详见结构设计总说明。

图 2.6 结施-02 图纸中框架柱说明

2.2.3　宿舍楼工程柱的识图

宿舍楼工程框架柱 KZ1、KZ2 平面布置图如图 2.7 所示,柱表如图 2.8 所示。识读 KZ1、KZ2 如下:

KZ1 为角柱,标高从基础顶面到 4.450 m 的截面尺寸为 600 mm×600 mm,角筋为 4 根直径 22 mm 的 HRB400 钢筋,b 边一侧和 h 边一侧中部分别为 2 根直径 20 mm 的 HRB400 钢筋,箍筋为直径 10 mm 的 HRB400 钢筋,间距为 100 mm。标高从 4.450 m 到 18.900 m 的截面尺寸为 600 mm×600 mm,角筋为 4 根直径 20 mm 的 HRB400 钢筋,b 边一侧和 h 边一侧中部分别为 2 根直径 20 mm 的 HRB400 钢筋,箍筋为直径 8 mm 的 HRB400 钢筋,间距为 100 mm。

KZ2 为边柱,标高从基础顶面到-0.050 m 的截面尺寸为 600 mm×600 mm,纵筋为 12 根直径 20 mm 的 HRB400 钢筋;箍筋为直径 10 mm 的 HRB400 钢筋,1(4×4)型,间距为 100 mm。标高从-0.050 m 到 18.900 m 的截面尺寸为 600 mm×600 mm,纵筋为 12 根直径 18 mm 的 HRB400 钢筋;箍筋为直径 8 mm 的 HRB400 钢筋,1(4×4)型,加密区间距为 100 mm,非加密区间距为 200 mm。

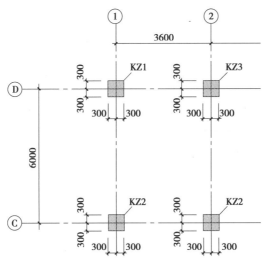

图 2.7　框架柱 KZ1、KZ2 平面布置图

地下一层墙、柱配筋表			
截面	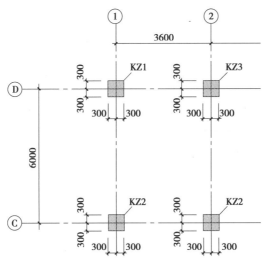		
编号	KZ1(角柱)	KZ1(角柱)	KZ2	KZ2
标高	基础顶面~4.450	4.450~18.900	基础顶面~-0.050	-0.050~18.900
纵筋	4Φ22(角筋)+8Φ20	12Φ20	12Φ20	12Φ18
箍筋	Φ10@100	Φ8@100	Φ10@100	Φ8@100/200

图 2.8　框架柱 KZ1、KZ2 配筋表

2.3 宿舍楼工程柱钢筋算量

平法柱钢筋计算主要涉及两种类型的钢筋:纵筋和箍筋。其中,纵筋的计算可用两种方法:不变截面时,柱纵筋长度=柱基础内锚固长度+柱内净长+屋面梁内锚固长度;将其划分为基础、首层、中间层、顶层几部分分别计算,然后求和。箍筋包括基础内箍筋和柱内箍筋。

柱内纵向钢筋的接头个数跟自然层有关,宿舍楼工程结构设计说明中对钢筋的搭接形式作了如下要求:水平钢筋接头,钢筋直径≤14 mm的采用绑扎接头,直径16～18 mm的采用单面焊接10d,钢筋直径≥20 mm的采用机械连接;竖向钢筋接头,钢筋直径≤14 mm的采用绑扎接头,直径16～20 mm的采用电渣压力焊,钢筋直径≥22 mm的采用机械连接。

2.3.1 柱纵筋计算

1)基础插筋计算

(1)嵌固部位的注写方法

在柱平法施工图中,应按规定注明各结构层的楼面标高、结构层高及相应的结构层号,尚应注明上部结构嵌固部位位置。上部结构嵌固部位的注写有以下几点:

①框架柱嵌固部位在基础顶面时,无须注明。

②框架柱嵌固部位不在基础顶面时,在层高表嵌固部位标高下使用双细线注明,并在层高表下注明上部结构嵌固部位标高。

③框架柱嵌固部位不在地下室顶板,但仍需考虑地下室顶板对上部结构实际存在嵌固作用时,可在层高表地下室顶板标高下使用双虚线注明,此时首层柱端箍筋加密区长度范围及纵筋连接位置均按嵌固部位要求设置。

宿舍楼工程的层高表见图2.4,由图可知,框架柱的嵌固部位在地梁顶面。

(2)基础插筋的长度计算规则

基础插筋示意图如图2.9所示,其三维示意图如图2.10所示。

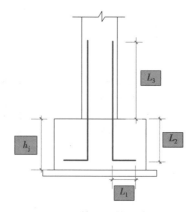

图2.9 基础插筋示意图

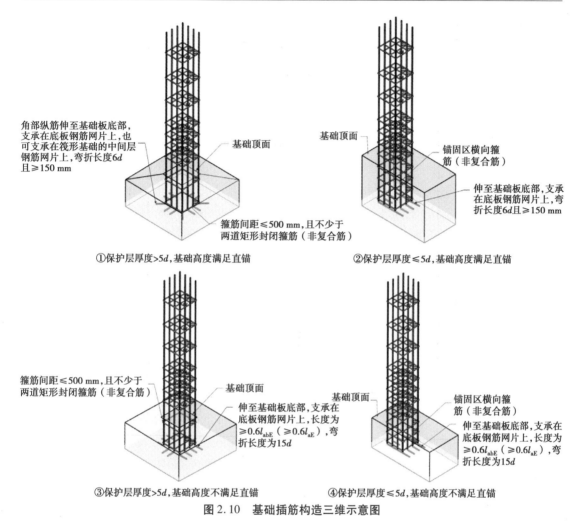

①保护层厚度>5d,基础高度满足直锚 ②保护层厚度≤5d,基础高度满足直锚

③保护层厚度>5d,基础高度不满足直锚 ④保护层厚度≤5d,基础高度不满足直锚

图 2.10 基础插筋构造三维示意图

基础插筋长度=弯折长度 L_1+基础内竖直长度 L_2+伸出基础非连接区长度 L_3-90°弯折调整值

①L_1 的确定:

• 当 $h_j>l_{aE}(l_a)$ 时,$L_1=\max(6d,150)$。

• 当 $h_j\leq l_{aE}(l_a)$ 时,$L_1=15d$。

②L_2 的确定:

$$L_2=h_j-\text{基础保护层厚度 } c$$

其中,h_j 指基础厚度。

③L_3(非连接区长度)的确定:柱纵向钢筋连接构造如图 2.11 所示,可知相邻纵筋交错连接。

考虑是否为嵌固部位,若为嵌固部位,则 $L_3=H_n/3$;若为非嵌固部位,则 $L_3=\max(H_n/6,h_c,500)$。因相邻钢筋交错连接,上述公式为低位钢筋的计算,若要计算相邻高位钢筋,则需在上述公式基础上增加错开距离。错开距离:纵筋采用搭接时为 $1.3l_{lE}$,采用机械连接时为 $35d$,采用焊接时为 $\max(500,35d)$。若柱纵筋直径和根数每层相同,可直接采用低位纵筋计算公式简化计算,否则需考虑错开距离。宿舍楼工程嵌固部位在地梁上表面,则基础顶面到首层底部分也是非连接区,H_{n1} 为首层柱净高(此处为自地梁上表面至首层梁底的高度);h_c 指

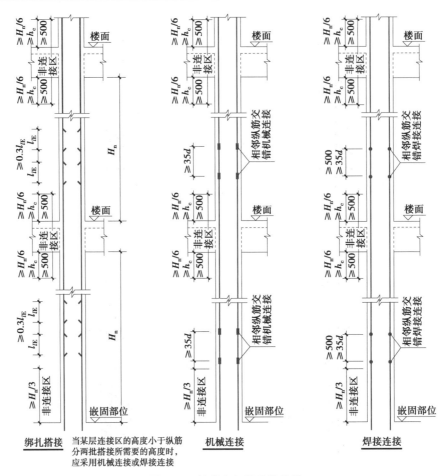

图 2.11　柱纵向钢筋连接构造

柱的长边尺寸,即 $\max(b,h)$。

(3)基础插筋的长度计算示例

以宿舍楼工程在©轴和①轴相交处的 KZ2(12 ⊈ 20)为例(见图 2.7 和图 2.8),基础插筋计算如下:

$$H_{n1} = 首层层高-梁高 = 4.5-0.65 = 3.85(m)$$

由抗震等级、混凝土强度等级以及钢筋的强度等级查得 $l_{aE} = 35d = 700$ mm,$h_j = 500$ mm。本工程 KZ2 纵筋采用焊接,错开距离 $= \max(35d,500) = 35\times18 = 630(mm)$,其中 d 为相连钢筋中较小直径。则

$$L_1 = 15d = 300\ mm$$

$$L_2 = h_j-基础保护层厚度\ c = 500-40 = 460(mm)$$

$$L_3 = H_{n1}/3+(-0.05)-(-1) = 3\ 850/3+950 = 2\ 233.33(mm)\ (此处为嵌固部位)$$

低位基础插筋单根长度 $= L_1+L_2+L_3-90°弯折调整值$

$$= 300+460+2\ 233.33-2.08d = 2\ 951.73(mm)$$

高位基础插筋单根长度 $= L_1+L_2+L_3-90°弯折调整值+错开距离$

$$= 2\ 951.73+630 = 3\ 581.73(mm)$$

2)首层及中间层纵筋长度计算

(1)首层及中间层纵筋长度计算规则

首层、中间层柱纵筋长度=本层层高-本层非连接区长度+上层非连接区长度+搭接长度 l_{lE}(若为焊接或机械连接,搭接长度为0,相邻钢筋错开连接)

其中,层高=柱净高 H_n+梁高 H_b;柱嵌固部位非连接区长度为 $H_n/3$,非嵌固部位非连接区长度为 $\max(H_n/6, h_c, 500)$。

(2)首层及中间层纵筋长度计算示例

宿舍楼工程 KZ2 柱纵断面示意图如图 2.12 所示,查询图纸可知,此 KZ2 位置处的梁高二层、四层、五层、顶层均为 650 mm,三层为 1 150 mm,故 KZ2(12 ⬚ 18)首层及中间层纵筋长度计算如下:

$H_{n1}=4.5-0.65=3.85(\text{m})$

$H_{n2}=3.6-1.15=2.45(\text{m})$

$H_{n3}=3.6-0.65=2.95(\text{m})$

$H_{n4}=3.6-0.65=2.95(\text{m})$

$H_{n5}=3.65-0.65=3(\text{m})$

首层柱低位纵筋长度=$4.5-H_{n1}/3+\max(H_{n2}/6, h_c, 500)=3.82(\text{m})$

首层柱高位纵筋长度=$4.5-H_{n1}/3+\max(H_{n2}/6, h_c, 500)-$下层纵筋在本层的错开距离+上层的错开距离=$3.82-0.63+0.63=3.82(\text{m})$

二层柱低位纵筋长度=$3.6-\max(H_{n2}/6, h_c, 500)+\max(H_{n3}/6, h_c, 500)=3.6(\text{m})$

三层柱低位纵筋长度=$3.6-\max(H_{n3}/6, h_c, 500)+\max(H_{n4}/6, h_c, 500)=3.6(\text{m})$

四层柱低位纵筋长度=$3.6-\max(H_{n4}/6, h_c, 500)+\max(H_{n5}/6, h_c, 500)=3.6(\text{m})$

二层、三层、四层柱高位纵筋长度=$3.6-0.63+0.63=3.6(\text{m})$

3)顶层纵筋长度计算

框架柱顶层钢筋锚固长度的取值根据柱所处位置不同而不同。根据所处位置不同,柱可分为边柱、角柱和中柱,如图 2.13 所示。边柱、角柱的纵向钢筋分内侧和外侧,其顶部锚固值不同,如图 2.14 所示。

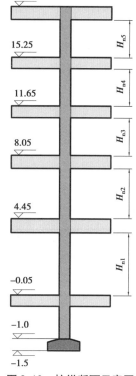

图 2.12　柱纵断面示意图

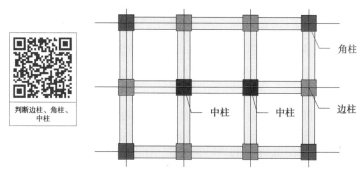

图 2.13　边柱、角柱、中柱示意图

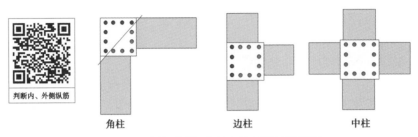

图2.14 边柱、角柱、中柱内外侧钢筋示意图

（1）中柱顶层纵筋长度计算

a.①、②节点顶层中柱纵筋长度：中柱柱顶①、②节点纵向钢筋构造及其三维示意图如图2.15所示。

当屋面梁高 h_b-保护层厚度 $c<l_{aE}$ 时，弯锚，即为①、②节点形式，则

纵筋长度＝顶层层高-顶层非连接区长度-保护层厚度+12d-90°弯折调整值

其中，非连接区长度= max$(H_n/6,h_c,500)$。

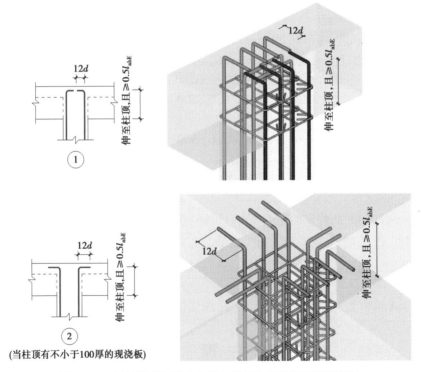

图2.15 中柱柱顶①、②节点纵向钢筋构造及其三维示意图

b.③、④节点顶层中柱纵筋长度：中柱柱顶③、④节点纵向钢筋构造及其三维示意图如图2.16所示。

当屋面梁高 h_b-保护层厚度 $c≥l_{aE}$ 时，直锚，即为③、④节点形式，则

纵筋长度＝顶层层高-顶层非连接区长度-保护层厚度

其中，非连接区长度=max$(H_n/6,h_c,500)$。

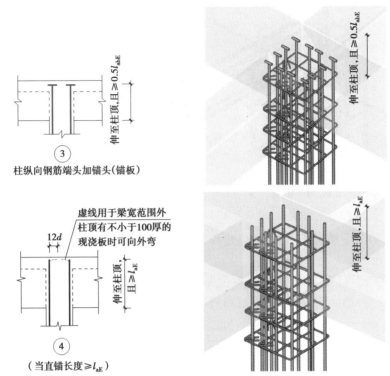

③
柱纵向钢筋端头加锚头(锚板)

④
（当直锚长度≥l_{aE}）

图 2.16　中柱柱顶③、④节点纵向钢筋构造及其三维示意图

（2）边角柱顶层纵筋长度计算

柱外侧纵向钢筋和梁上部纵向钢筋在节点外侧弯折搭接构造共有 4 种情况,其中(a)、(b)节点适用于梁宽范围内的钢筋,(c)、(d)节点适用于梁宽范围外的钢筋。

①边角柱(a)节点顶层柱纵筋长度:边角柱(a)节点顶层柱纵筋节点构造及其三维示意图如图 2.17 所示。

当柱宽-保护层厚度+梁高-保护层厚度<1.5l_{abE} 时,即为(a)节点形式,则

外侧纵筋长度=顶层层高-顶层非连接区长度-屋面梁高+1.5l_{abE}

内侧纵筋算法同中柱。

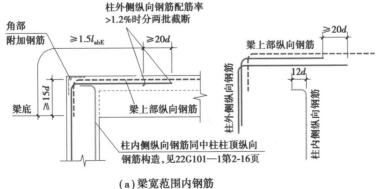

(a)梁宽范围内钢筋
［伸入梁内柱纵向钢筋做法（从梁底算起1.5l_{abE}超过柱内侧边缘）］

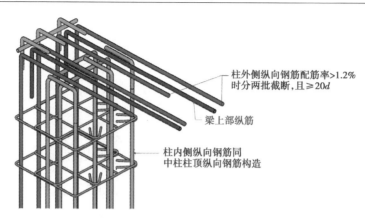

图 2.17 边角柱(a)节点顶层柱纵筋节点构造及其三维示意图

②边角柱(b)节点顶层柱纵筋长度:边角柱(b)节点顶层柱纵筋节点构造及其三维示意图如图 2.18 所示。

当柱宽−保护层厚度+梁高−保护层厚度≥$1.5l_{abE}$ 时,即为(b)节点形式,则

$$外侧纵筋长度=顶层层高−顶层非连接区长度−屋面梁高+$$

$$\max(1.5l_{abE},h_b−c+15d−90°弯折调整值)$$

内侧纵筋算法同中柱。

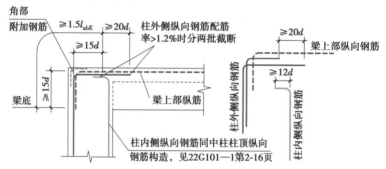

(b)梁宽范围内钢筋

[伸入梁内柱纵向钢筋做法(从梁底算起$1.5l_{abE}$未超过柱内侧边缘)]

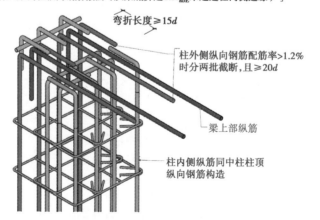

图 2.18 边角柱(b)节点顶层柱纵筋节点构造及其三维示意图

③边角柱(c)节点顶层柱纵筋长度:边角柱(c)节点顶层柱纵筋节点构造及其三维示意图如图2.19所示。

第一层外侧纵筋长度=本层层高-本层非连接区长度-保护层厚度+柱宽-
保护层厚度×2+8d-90°弯折调整值×2
第二层外侧纵筋长度=本层层高-本层非连接区长度-保护层厚度+柱宽-
保护层厚度×2-90°弯折调整值

内侧纵筋算法同中柱。

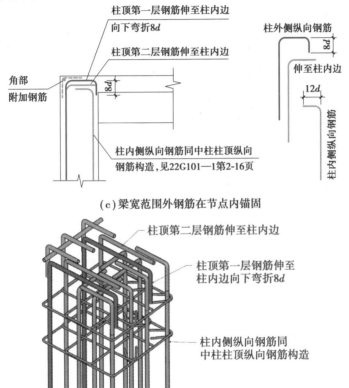

图2.19 边角柱(c)节点顶层柱纵筋节点构造及其三维示意图

④边角柱(d)节点顶层柱纵筋长度:边角柱(d)节点顶层柱纵筋节点构造及其三维示意图如图2.20所示。

外侧纵筋长度=本层层高-本层非连接区长度-保护层厚度+柱宽-
保护层厚度+15d-90°弯折调整值

内侧纵筋算法同中柱。

⑤边角柱外侧纵向钢筋和梁上部钢筋在柱顶外侧直线搭接,(a)节点构造及其三维示意图如图2.21所示。

外侧纵筋长度=本层层高-本层非连接区长度-保护层厚度

内侧纵筋算法同中柱。

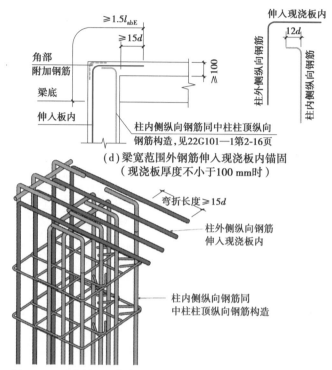

图2.20　边角柱(d)节点顶层柱纵筋节点构造及其三维示意图

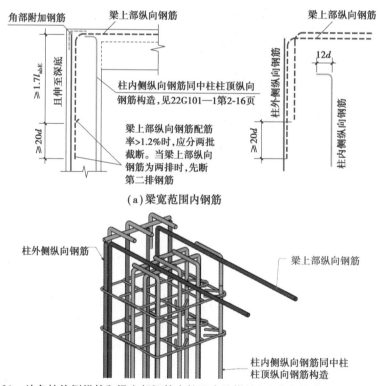

图2.21　边角柱外侧纵筋和梁上部钢筋在柱顶直线搭接(a)节点构造及其三维示意图

⑥外侧纵向钢筋和梁上部钢筋在柱顶外侧直线搭接,(b)节点构造及其三维示意图如图2.22所示。

外侧纵筋长度=本层层高-本层非连接区长度-保护层厚度+12d-90°弯折调整值

内侧纵筋算法同中柱。

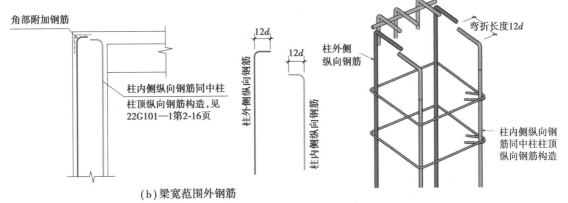

(b)梁宽范围外钢筋

图2.22 边角柱外侧纵筋和梁上部钢筋在柱顶外侧直线搭接(b)节点构造及其三维示意图

⑦梁宽范围内柱外侧纵向钢筋弯入梁内作梁筋构造及其三维示意图如图2.23所示。

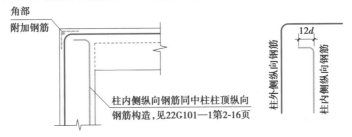

梁宽范围内柱外侧纵向钢筋弯入梁内作梁筋构造

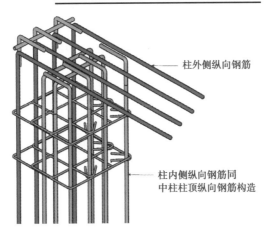

图2.23 边角柱梁宽范围内柱外侧纵向钢筋弯入梁内作梁筋构造及其三维示意图

(3)顶层纵筋计算示例

以宿舍楼工程KZ2(12 ⊕ 18)顶层纵筋计算为例。查询图纸可知,KZ2(12 ⊕ 18)为边柱,其中外侧纵筋有4根,内侧纵筋有8根;四级抗震,C30,HRB400钢筋,查表得 $l_{aE}=35d=35\times18=$

630(mm),$1.5l_{abE}=1.5\times35d=945$(mm),顶层纵筋计算过程见表 2.3。

表 2.3　顶层纵筋长度计算表

部位	钢筋信息	计算
外侧纵筋	梁宽范围内 2 Φ 18	柱宽-保护层厚度+梁高-保护层厚度=600-20+650-20=1 210(mm)>1.5l_{abE},故梁宽范围内外侧纵筋为(b)节点形式。 外侧低位纵筋单根长=顶层层高-顶层非连接区-屋面梁高+max(1.5l_{abE},h_b-c+15d-90°弯折调整值)=3 650-600-650+945=3 345(mm) 外侧高位纵筋单根长=顶层层高-顶层非连接区-屋面梁高+max(1.5l_{abE},h_b-c+15d-90°弯折调整值)-max(35d,500)=2 715(mm)
外侧纵筋	梁宽范围外 2 Φ 18	柱宽为 600 mm,梁宽为 300 mm,板厚为 120 mm,故梁宽范围外柱外侧纵筋为(d)节点形式。 外侧低位纵筋单根长=顶层层高-顶层非连接区-保护层厚度+柱宽-保护层厚度×2+15d-90°弯折调整值×2=3 650-600-20+600-20×2+15×18-2.08×18×2=3 785.12(mm) 外侧高位纵筋单根长=顶层层高-顶层非连接区-保护层厚度+柱宽-保护层厚度×2+15d-90°弯折调整值×2-max(35d,500)=3 785.12-630=3 155.12(mm)
内侧纵筋	梁宽范围内 5 Φ 18	屋面梁高 h_b-保护层厚度=650-20=630(mm)=l_{aE},故内侧纵筋为中柱柱顶④节点形式,梁宽范围内柱内侧纵筋有 5 根。 内侧低位纵筋单根长=顶层层高-max($H_{n5}/6$,h_c,500)-保护层厚度=3 650-600-20=3 030(mm) 内侧高位纵筋单根长=顶层层高-max($H_{n5}/6$,h_c,500)-保护层厚度-max(35d,500)=3 030-630=2 400(mm)
内侧纵筋	梁宽范围外 3 Φ 18	梁宽范围外柱内侧纵筋分别有 3 根。 内侧低位纵筋单根长=顶层层高-max($H_{n5}/6$,h_c,500)-保护层厚度+12d-90°弯折调整值=3 650-600-20+12×18-2.08×18=3 208.56(mm) 内侧高位纵筋单根长=顶层层高-max($H_{n5}/6$,h_c,500)-保护层厚度+12d-90°弯折调整值-max(35d,500)=3 208.56-630=2 578.56(mm)

4)纵筋接头数量计算

KZ2 每根纵筋在每层有一个电渣压力焊接头,首层为 Φ 20 与 Φ 18 焊接,纵筋接头个数共 12 个;二~五层为 Φ 18 焊接,接头个数为 12×4=48(个)。KZ2 纵筋接头共 12+48=60(个)。

5)柱变截面位置纵筋构造

柱变截面处纵筋构造如图 2.24 所示,可知:

①当上柱与下柱中心线重合,$\dfrac{\Delta}{h_b}>\dfrac{1}{6}$ 时,上柱纵筋向下柱纵筋的延伸长度为从楼面开始向下延伸 1.2l_{aE};下柱纵筋延伸至梁顶向内侧弯折 12d。

②当 $\dfrac{\Delta}{h_{\mathrm{b}}} \leqslant \dfrac{1}{6}$ 时,下柱纵筋在柱梁节点范围内不断开,弯折向上延伸至柱内。

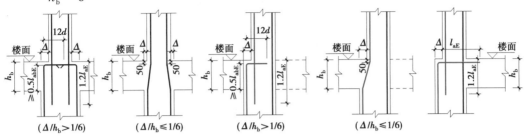

图 2.24 柱变截面位置纵向钢筋构造示意图

2.3.2 柱箍筋计算

框架柱箍筋一般分为两类:复合箍筋和非复合箍筋。常见的矩形复合箍筋的复合形式如图 2.25 所示,非复合箍筋的算法与梁构件中箍筋的算法类似。

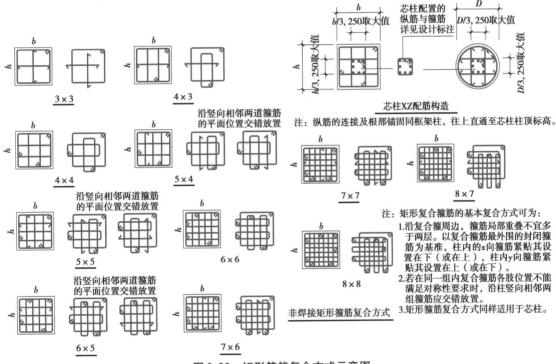

图 2.25 矩形箍筋复合方式示意图

1)箍筋长度计算

柱箍筋一般为复合箍,其箍筋长度应按拆分出的箍筋长度汇总计算。如图 2.26 所示的 1(5×4)复合箍筋由 1 号、2 号、3 号、4 号箍筋复合而成。

复合箍筋长度=1 号箍筋长度+2 号箍筋长度+3 号箍筋长度+4 号箍筋长度

1 号箍筋长度 $= [(b-2c)+(h-2c)] \times 2 + [135°弯钩增加值+\max(10d,75)] \times 2 -$

90°弯折调整值×3

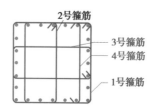

图 2.26　矩形复合箍筋构造示意图

即　箍筋长度=柱截面周长-8c+135°弯钩增加值×2+max(10d,75)×2-90°弯折调整值×3

2 号箍筋长度=[L+(h-2c)]×2 +135°弯钩增加值×2+max(10d,75)×2-90°弯折调整值×3

其中,L=[(b-2c-2d-D)/6]×2+D+2d(D 为纵筋直径,d 为箍筋直径)。

3 号箍筋长度=[L_0+(b-2c)]×2 + 135°弯钩增加值×2+max(10d,75)×2-90°弯折调整值×3

其中,L_0=[(h-2c-2d-D)/6]×2+D+2d(D 为纵筋直径,d 为箍筋直径)。

4 号箍筋长度=h-2c+135°弯钩增加值×2+max(10d,75)×2

基础内柱箍筋为矩形封闭非复合箍筋,其长度计算同 1 号箍筋长度计算。

2)箍筋根数计算

KZ 箍筋加密区范围及其三维示意图如图 2.27 所示,基础内箍筋见图 2.10。

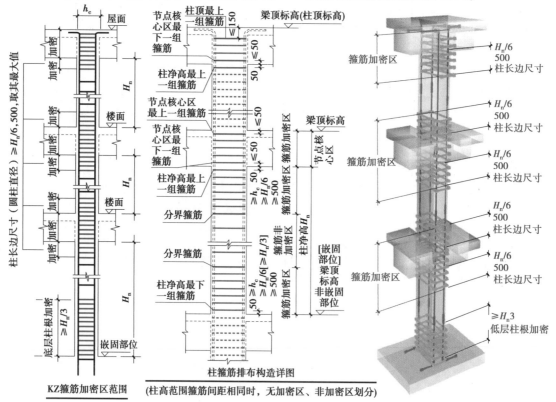

图 2.27　KZ 箍筋加密区范围及其三维示意图

箍筋根数计算公式如表 2.4 所示。

表 2.4 箍筋根数计算公式表

序号	部位	计算公式
1	基础内	保护层厚度$>5d$,根数 $=\max[$(基础厚度 h_j-基础保护层厚度-100)$/500+1,2]$; 保护层厚度$\leq 5d$,根数 $=$(基础厚度 h_j-基础保护层厚度-100)$/$箍筋间距,其中箍筋间距 $=\min(10d,100)$
2	基础顶面~嵌固部位	因宿舍楼工程嵌固部位位于地框梁顶,基础顶面~地框梁顶高度范围内箍筋配置和嵌固部位以上不同,故此高度范围箍筋需单独计算。 根数 $=[$(地框梁顶标高-基础顶面标高)$\times 1\,000-50]/$间距
3	首层	首层箍筋计算应区分嵌固部位,H_n 从嵌固部位开始。 根部加密区高度:$H_n/3$ 上端加密区高度:$\max(H_n/6,h_c,500)$ 节点高度:梁高 h_b 非加密区高度:柱高-加密区高度=柱高-根部加密区高度-上端加密区高度-节点高度 根数 $=$(根部加密区高度-50)$/$加密区间距$+1+$(上端加密区高度-50)$/$加密区间距$+1+$节点高度$/$加密区间距$+$非加密区高度$/$非加密区间距-1
4	中间层及顶层	根部加密区高度:$\max(H_n/6,h_c,500)$ 上端加密区高度:$\max(H_n/6,h_c,500)$ 节点高度:梁高 h_b 非加密区高度:柱高-加密区高度 根数 $=$(根部加密区高度-50)$/$加密区间距$+1+$(上端加密区高度-50)$/$加密区间距$+1+$节点高度$/$加密区间距$+$非加密区高度$/$非加密区间距-1

注:该表计算公式未考虑有地下室的情况,若有地下室请参考 22G101—1 第 2-10 页。

3)箍筋计算示例

以宿舍楼工程在 DJ-1 上的 KZ2 为例,计算其箍筋工程量。

宿舍楼工程 KZ2 配筋表及其三维示意图如图 2.28 所示,其箍筋长度计算如下:

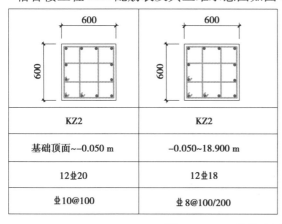

KZ2	KZ2
基础顶面~-0.050 m	-0.050~18.900 m
12Φ20	12Φ18
Φ10@100	Φ8@100/200

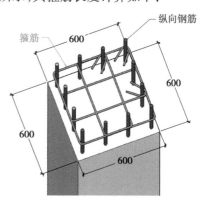

图 2.28 KZ2 配筋表及其三维示意图

(1)箍筋单根长度计算

①基础内箍筋：

根据图 2.10 节点③可知,基础内有 2 根 Φ10 箍筋。

箍筋单根长度 =(600+600)×2-8×20+12.89×10×2-90°弯折调整值×3 = 2 435.4(mm)

②基础顶面 ~ -0.050 m 箍筋：

1 号箍筋单根长度 =(600+600)×2-8×20+12.89×10×2-90°弯折调整值×3 = 2 435.4 (mm)

2 号箍筋单根长度 =[(600-2×20-2×10-20)/3+20+2×10]×2+(600-2×20)×2+12.89×10×2-90°弯折调整值×3 = 1 742.07(mm)

3 号箍筋单根长度同 2 号箍筋长度。

复合箍单根长度 L = 2 435.4+1 742.07×2 = 5 919.54(mm)

③-0.050 ~ 18.900 m 箍筋：

1 号箍筋单根长度 =(600+600)×2-8×20+12.89×8×2-90°弯折调整值×3 = 2 396.32 (mm)

2 号箍筋单根长度 =[(600-2×20-2×8-18)/3+18+2×8]×2+(600-2×20)×2+12.89×8×2-90°弯折调整值×3 = 1 694.99(mm)

3 号箍筋单根长度同 2 号箍筋单根长度。

复合箍单根长度 L = 2 396.32+1 694.99×2 = 5 786.3(mm)

(2)箍筋根数计算

基础顶面 ~ -0.050 m 标高的箍筋(Φ 10@ 100)根数及-0.050 ~ 18.900 m 标高的箍筋(Φ 8@ 100/200)根数计算如表 2.5 所示。

表 2.5　宿舍楼工程 KZ2 箍筋根数及长度计算表

序号	部位	计算
1	独基内	独立基础内 2 根
	合计	2 435.4×2 = 4 870.8(mm)
2	基础顶面 ~ -0.050 m	箍筋根数 ={[-0.050-(-1.000)]×1 000-50}/100+1 = 10(根)
	合计	5 919.54×10 = 59 195.4(mm)
1	首层	本工程嵌固部位在地梁顶,即标高-0.050 m 处。 根部加密区:$H_{n1}/3$=3.85/3×1 000=1283.33(mm) 上端加密区:max($H_{n1}/6$,h_c,500)=641.67(mm) 节点区加密区:梁高 650 mm 非加密:首层柱高-加密区高度=4.5×1 000-1 283.33-641.67-650 = 1 925(mm) 根数=(1 283.33-50)/100+1+(641.77-50)/100+1+650/100+1 925/200-1 = 14+7+7+9 = 37(根)

2	二层	根部加密区:$\max(H_{n2}/6, h_c, 500) = \max(2.45 \times 1\,000/6, 600, 500) = 600(\text{mm})$ 上端加密区:$\max(H_{n2}/6, h_c, 500) = 600(\text{mm})$ 节点区加密区:梁高 1150 mm 非加密区:二层柱高−加密高度$=3.6 \times 1\,000-600-600-1\,150=1\,250(\text{mm})$ 根数$=(600-50)/100+1+(600-50)/100+1+1150/100+1250/200-1=7+7+12+6=32(根)$
3	三层	根部加密区:$\max(H_{n3}/6, h_c, 500) = \max(2.95 \times 1\,000/6, 600, 500) = 600(\text{mm})$ 上端加密区:$\max(H_{n3}/6, h_c, 500) = 600(\text{mm})$ 节点区加密区:梁高 650 mm 非加密区:三层柱高−加密区高度$=3.6 \times 1\,000-600-600-650=1\,750(\text{mm})$ 根数$=(600-50)/100+1+(600-50)/100+1+650/100+1\,750/200-1=7+7+7+8=29(根)$
4	四层	计算同三层,根数$=29(根)$
5	五层	根部加密区:$\max(H_{n5}/6, h_c, 500) = \max(3 \times 1\,000/6, 600, 500) = 600(\text{mm})$ 上端加密区:$\max(H_{n5}/6, h_c, 500) = 600(\text{mm})$ 节点区加密区:梁高 650 mm 非加密区:五层柱高−加密区高度$=3.65 \times 1\,000-600-600-650=1\,800(\text{mm})$ 根数$=(600-50)/100+1+(600-50)/100+1+650/100+1\,800/200-1=7+7+7+8=29(根)$
合计		箍筋总根数$=37+32+29+29+29=156(根)$ 总长$=5\,786.3 \times 156=902\,662.8(\text{mm})$

宿舍楼工程 KZ2 钢筋工程量汇总,如表 2.6 所示。

表 2.6　KZ2 钢筋工程量汇总表

序号	钢筋	部位	计算公式	工程量
1	$\Phi\,10$	基础内、基础顶面～−0.050 m	$(4\,870.8+59\,195.4)/1\,000 \times 0.617/1\,000$	0.040 t
2	$\Phi\,8$	−0.050～18.900 m	$902\,662.8/1\,000 \times 0.395/1\,000$	0.357 t
3	$\Phi\,20$	基础顶面～−0.050 m	$(2\,951.73 \times 6+3\,581.73 \times 6)/1\,000 \times 2.47/1\,000$	0.097 t
4	$\Phi\,18$	−0.050～18.900 m	$[3.82 \times 12+6+(3.6+3.6+3.6) \times 12+3.35+2.72+3.79+3.16+3.03 \times 3+2.4 \times 2+3.21+2.58 \times 2] \times 2.00/1\,000$	0.421 t
	总　计			0.915 t
电渣压力焊接头		首层$\Phi\,20$ 与$\Phi\,18$ 焊接:12 个 二～五层$\Phi\,18$ 焊接:$12 \times 4=48(个)$		60 个

本章小结

本章解读了柱平法施工图的两种注写方式;识读了宿舍楼工程柱钢筋图;构建了柱纵筋和箍筋的三维示意图,展示了柱的基础插筋,首层、中间层、顶层纵筋及箍筋的基本构造;列出了柱中纵筋和箍筋工程量的计算公式,并将计算公式应用于宿舍楼工程,对宿舍楼工程中边柱 KZ2 的钢筋工程量进行了实算。

课后练习

1. 柱的类型有哪几种?

2. 说明以下集中标注的各参数含义。

KZ5

400×500

20 Φ 22

ϕ 8@ 100/200

3. 说明图 2.29 中 KZ5 集中标注的各参数含义。

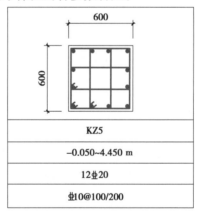

600
KZ5
−0.050~4.450 m
12Φ20
Φ10@100/200

图 2.29 KZ5 配筋

4. 计算图 2.30 所示宿舍楼工程中 KZ3(楼梯角柱)的箍筋工程量。

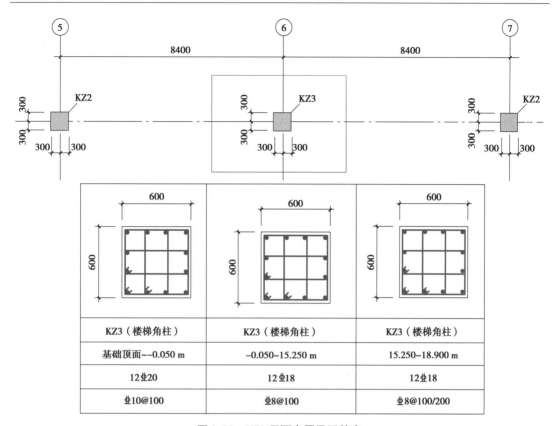

图2.30　KZ3平面布置及配筋表

KZ3（楼梯角柱）	KZ3（楼梯角柱）	KZ3（楼梯角柱）
基础顶面~−0.050 m	−0.050~15.250 m	15.250~18.900 m
12⾫20	12⾫18	12⾫18
⾫10@100	⾫8@100	⾫8@100/200

3 梁钢筋识图与算量

3.1 梁钢筋识图

梁的类型

3.1.1 梁的类型

依据22G101—1的规定,梁的类型有8种,梁类型及其三维示意图如表3.1所示。

表3.1 梁类型及其三维示意图

梁类型	代号	三维示意图	序号	跨数及是否带有悬挑
楼层框架梁	KL			
非框架梁	L			
悬挑梁	XL		阿拉伯数字 1,2,3,4 ……	(××)、(××A) 或(××B)
屋面框架梁	WKL			
楼层框架扁梁	KBL	截面宽 *b*>截面高 *h*		

续表

梁类型	代号	三维图样	序号	跨数及是否带有悬挑
框支梁	KZL		阿拉伯数字 1,2,3,4 ……	(××)、(××A) 或(××B)
托柱转换梁	TZL			
井字梁	JZL			

注:①(××A)为一端有悬挑,(××B)为两端有悬挑,悬挑不计入跨数。

②楼层框架扁梁节点核心区代号为 KBH。

③22G101—1 中非框架梁 L、井字梁 JZL 表示端支座为铰接;当非框架梁 L、井字梁 JZL 端支座上部纵筋为充分利用钢筋的抗拉强度时,在梁代号后加"g"。例:Lg7(5)表示第 7 号非框架梁,5 跨,端支座上部纵筋为充分利用钢筋的抗拉强度。

④当非框架梁 L 按受扭设计时,在梁代号后加"N"。例:LN5(3)表示第 5 号受扭非框架梁,3 跨。

3.1.2 梁平面注写方式

梁的平面注写包括集中标注和原位标注两部分内容。

1)梁集中标注

梁集中标注表达梁的通用数值,其内容可以从梁的任何一跨引出,有 5 项必注值(梁编号、梁截面尺寸、梁箍筋、梁上部通长筋或架立筋配置、梁侧面纵向构造钢筋或受扭钢筋配置)以及一项选注值(梁顶面标高高差),如表 3.2 所示。

(1)梁编号

梁编号由梁类型代号、序号、跨数及是否带有悬挑几项组成,应符合表 3.1 的规定。

(2)梁截面尺寸

①当为等截面梁时,用 $b \times h$ 表示。

②当为竖向加腋梁时,用 $b \times h\ Yc_1 \times c_2$ 表示,其中 c_1 为腋长,c_2 为腋高,如图 3.1 所示。

③当为水平加腋梁时,一侧加腋用 $b \times h\ PYc_1 \times c_2$ 表示,其中 c_1 为腋长,c_2 为腋宽,加腋部位应在平面图中绘制,如图 3.2 所示。

④当有悬挑梁且根部和端部的高度不同时,用斜线"/"分隔根部与端部的高度值,即为 $b \times h_1/h_2$,h_1 为梁根部截面高度,h_2 为梁端部截面高度,如图 3.3 所示。

表 3.2　梁集中标注示例

22G101—1 示例	解读图例集中标注
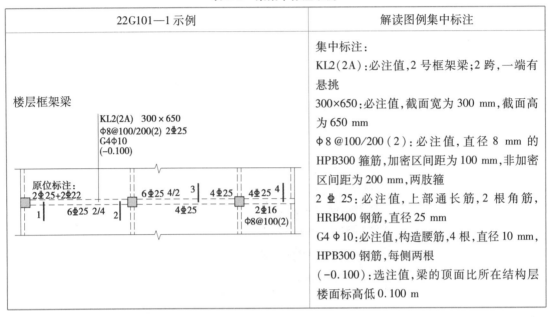	集中标注: KL2(2A):必注值,2 号框架梁;2 跨,一端有悬挑 300×650:必注值,截面宽为 300 mm,截面高为 650 mm Φ8 @100/200(2):必注值,直径 8 mm 的 HPB300 箍筋,加密区间距为 100 mm,非加密区间距为 200 mm,两肢箍 2 Φ 25:必注值,上部通长筋,2 根角筋,HRB400 钢筋,直径 25 mm G4 Φ10:必注值,构造腰筋,4 根,直径 10 mm,HPB300 钢筋,每侧两根 (-0.100):选注值,梁的顶面比所在结构层楼面标高低 0.100 m

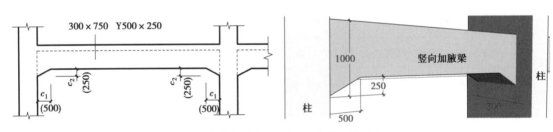

图 3.1　竖向加腋梁注写示意及其三维示意图

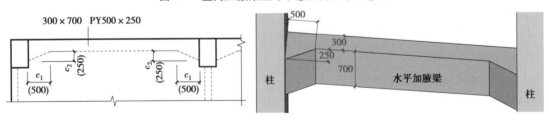

图 3.2　水平加腋梁注写示意及其三维示意图

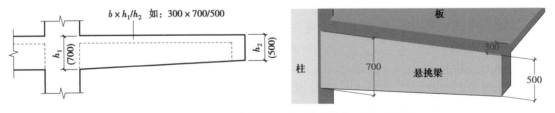

图 3.3　悬挑梁不等高截面注写示意及其三维示意图

(3)梁箍筋

梁箍筋包括钢筋种类、直径、加密区与非加密区间距及箍筋肢数。

①箍筋肢数。梁箍筋常用肢数如图3.4所示。

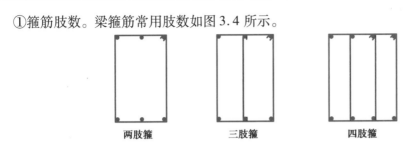

两肢箍　　　　　　三肢箍　　　　　　四肢箍

图3.4　梁箍筋常用肢数

②箍筋加密区与非加密区的不同间距及肢数需用斜线"/"分隔,"/"前为加密区的间距及肢数,"/"后为非加密区的间距及肢数,箍筋肢数应写在括号内;当加密区与非加密区的箍筋肢数相同时,则将肢数注写一次,如图3.5所示;当梁箍筋为同一种间距及肢数时,则不需用斜线,如图3.6所示。梁钢筋布置三维示意图如图3.7所示。

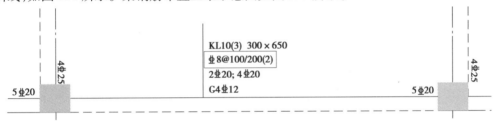

图3.5　加密区和非加密区的肢数相同

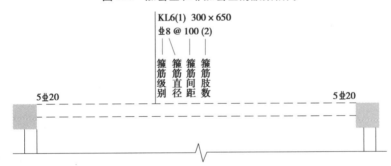

图3.6　梁箍筋为同一种间距和肢数

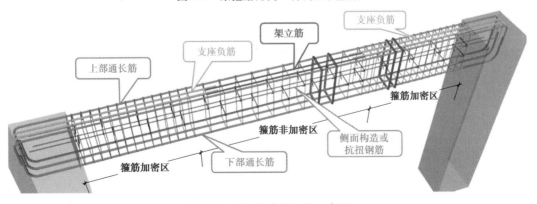

图3.7　梁钢筋布置三维示意图

图3.5中,Φ8@100/200(2)表示箍筋为HRB400钢筋,直径为8 mm,加密区间距为100 mm,非加密区间距为200 mm,均为两肢箍。

【例】Φ8@100(4)/150(2)表示箍筋为HPB300钢筋,直径为8 mm,加密区间距为100 mm,四肢箍;非加密区间距为150 mm,两肢箍。

③非框架梁、悬挑梁、井字梁采用不同的箍筋间距及肢数时,也用斜线"/"将其分隔开来。注写时,先注写梁支座端部的箍筋(包括箍筋的箍数、钢筋种类、直径、间距与肢数),在斜线后注写梁跨中部分的箍筋间距及肢数。

【例】13Φ10@150/200(4),表示箍筋为HPB300钢筋,直径为10 mm;梁的两端各有13个四肢箍,间距为150 mm;梁跨中部分间距为200 mm,四肢箍。

【例】18Φ12@150(4)/200(2),表示箍筋为HPB300钢筋,直径为12 mm;梁的两端各有18个四肢箍,间距为150 mm;梁跨中部分,间距为200 mm,双肢箍。

(4)梁上部通长筋或架立筋配置

①当梁上部只有通长筋,没有架立筋时,直接注写通长筋的根数、种类和直径,如图3.8所示。

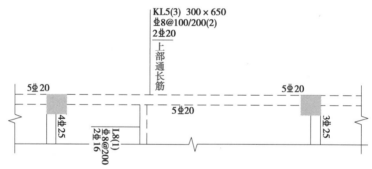

图3.8 只有上部通长筋的标注方式

②当梁上部纵筋中既有通长筋又有架立筋时,应用加号"+"将通长筋和架立筋相连,即表述为"通长筋+(架立筋)",如图3.9所示。当全部采用架立筋时,则将其写入括号内,如图3.10所示。

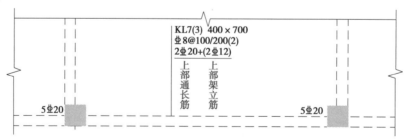

图3.9 上部通长筋+架立筋的标注方式

③当梁的上部纵筋和下部纵筋为全跨相同,且多数跨配筋相同时,可加注下部纵筋的配筋值,用分号";"将上部与下部纵筋的配筋值分隔开来,";"之前为上部通长筋,";"之后为下部通长筋,如图3.11所示。

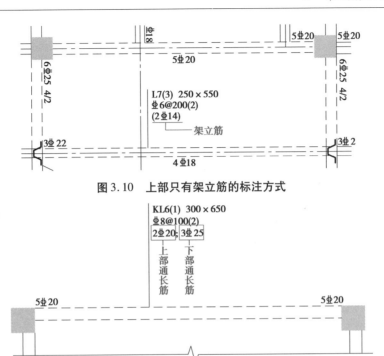

图 3.10　上部只有架立筋的标注方式

图 3.11　上部通长筋与下部通长筋的标注方式

（5）梁侧面纵向构造钢筋或受扭钢筋配置

①当梁腹板高度 $h_w \geqslant 450$ mm 时,需配置纵向构造钢筋,此项注写值以大写字母 G 打头,接续注写设置在梁两个侧面的总配筋值,且对称配置。

【例】G4Φ12,表示梁的两个侧面共配置 4Φ12 的纵向构造钢筋,每侧各配置 2Φ12。

②当梁侧面需配置受扭纵向钢筋时,此项注写值以大写字母 N 打头,接续注写配置在梁两个侧面的总配筋值,且对称配置,如图 3.12 所示。受扭纵向钢筋应满足梁侧面纵向构造钢筋的间距要求,且不再重复配置纵向构造钢筋。

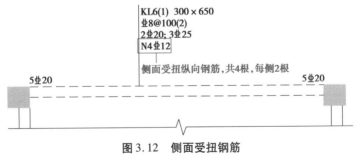

图 3.12　侧面受扭钢筋

（6）梁顶面标高高差（该项为选注值）

梁顶面标高高差是指相对于结构层楼面标高的高差值,对于位于结构夹层的梁,则指相对于结构夹层楼面标高的高差。有高差时,需将其写入括号内,无高差时不注。

当某梁的顶面高于所在结构层的楼面标高时,其标高高差为正值,反之为负值。

【例】某结构标准层的楼面标高分别为 44.950 m 和 48.250 m,当这两个标准层中某梁的梁顶面标高高差注写为(−0.100)时,即表明该梁顶面标高分别相对于 44.950 m 和 48.250 m 低

0.100 m。

2）梁原位标注

当集中标注中的某项数值不适用于梁的某部位时,则将该项数值原位标注。原位标注取值优先于集中标注。

（1）梁支座上部纵筋

该部位含通长筋在内的所有纵筋,如图 3.13 所示。

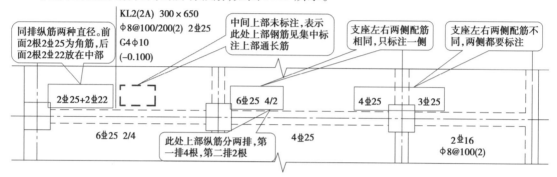

图 3.13　梁支座上部钢筋原位标注图

①当梁上部纵筋多于一排时,用斜线"/"将各排纵筋自上而下分开。

②当同排纵筋有两种直径时,用加号"+"将两种直径的纵筋相连,注写时将角部纵筋写在前面。

③当梁中间支座两边的上部纵筋不同时,需在支座两边分别标注;当梁中间支座两边的上部纵筋相同时,可仅在支座的一边标注配筋值,另一边省去不注。

（2）梁下部纵筋

①当梁下部纵筋多于一排时,用斜线"/"将各排纵筋自上而下分开,如图 3.14 所示。

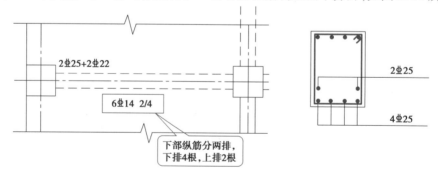

图 3.14　下部纵筋多于一排示意图

②当同排纵筋有两种直径时,用加号"+"将两种直径的纵筋相连,注写时角筋写在前面。

③当梁下部纵筋不全部伸入支座时,将不伸入梁支座的下部纵筋数量写在括号内。

【例】梁下部纵筋注写为 8 ⊈ 25 3(−3)/5,表示上排纵筋为 3 ⊈ 25,且不伸入支座;下排纵筋为 5 ⊈ 25,全部伸入支座,如图 3.15 所示。

④当梁的集中标注中已按"集中标注"的规定分别注写了梁上部和下部均为通长的纵筋值时,则不需在梁下部重复做原位标注,如图 3.16(a)所示。

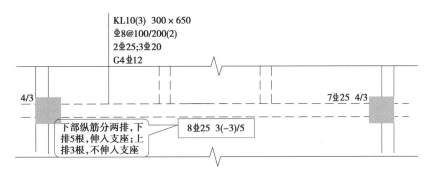

图 3.15 下部纵筋不全部伸入支座示意图

⑤当梁设置竖向加腋时,加腋部位下部斜向纵筋应在支座下部以 Y 打头注写在括号内,如图 3.16(b)所示。当梁设置水平加腋时,水平加腋内上、下部斜纵筋应在加腋支座上部以 Y 打头注写在括号内,上、下部斜纵筋之间用斜线"/"分隔。

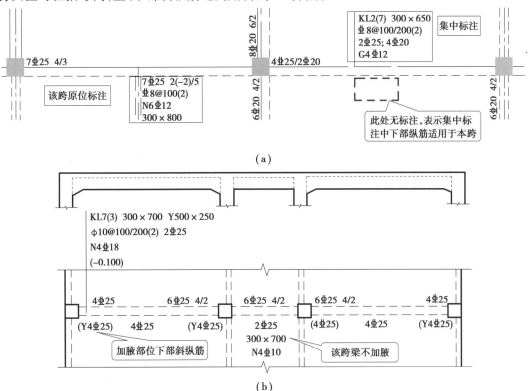

图 3.16 集中标注不适用于某跨示意图

(3)梁竖向和水平加腋

当在梁上集中标注的内容不适用于某跨或某悬挑部分时,则将其不同数值原位标注在该跨或该悬挑部位,如图 3.16(a)所示。

当在多跨梁的集中标注中已注明加腋,而该梁某跨的根部却不需要加腋时,则应在该跨原位标注等截面的 $b \times h$,以修正集中标注中的加腋信息,如图 3.16(b)所示。

（4）附加箍筋或吊筋

将附加箍筋或吊筋直接画在平面布置图中的主梁上，用线引注总配筋值。对于附加箍筋，设计尚应注明附加箍筋的肢数，箍筋肢数注写在括号内。当多数附加箍筋或吊筋相同时，可在梁平法施工图上统一注明，少数与统一注明值不同时，再原位引注，如图 3.17 所示。

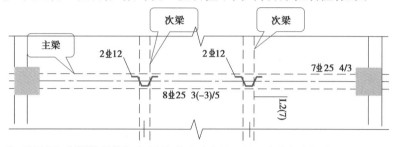

注：除图中注明的附加吊筋外；主次梁相交处，在主梁上次梁两侧各加密箍3ϕ*d*@50，*d*为该跨主梁箍筋直径；在次梁相交部位两侧各加密箍3ϕ*d*@50，*d*为该跨次梁箍筋直径。

图 3.17　附加箍筋和吊筋示意图

（5）梁一端采用充分利用钢筋抗拉强度方式的注写

代号为 L 的非框架梁，当某一端支座上部纵筋为充分利用钢筋的抗拉强度时；对于一端与框架柱相连，另一端与梁相连的梁（代号为 KL），当其与梁相连的支座上部纵筋为充分利用钢筋的抗拉强度时，在梁平面布置图上原位标注，以符号"g"表示，如图 3.18 所示。

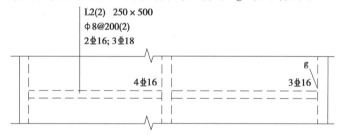

注："g"表示右端支座按照非框架梁Lg配筋构造。

图 3.18　梁一端采用充分利用钢筋抗拉强度方式的注写示意图

（6）局部带屋面的楼层框架梁

对于局部带屋面的楼层框架梁（代号为 KL），屋面部位梁跨原位标注 WKL。

3）框架扁梁注写

框架扁梁注写规则同框架梁，对于上部纵筋和下部纵筋，尚需注明未穿过柱截面的纵向受力钢筋的根数，如图 3.19 所示。

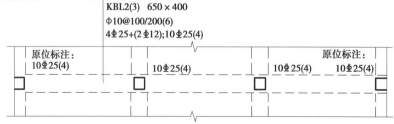

图 3.19　框架扁梁注写示意图

【例】10 Φ 25(4)表示框架扁梁有4根纵向受力钢筋未穿过柱截面,柱两侧各2根。

4)框架扁梁节点核心区

框架扁梁节点核心区代号为 KBH,包括柱内核心区和柱外核心区两部分。框架扁梁节点核心区钢筋注写包括柱外核心区竖向拉筋及节点核心区附加抗剪纵向钢筋,端支座节点核心区尚需注写附加 U 形箍筋。

柱内核心区箍筋见框架柱箍筋。

柱外核心区竖向拉筋,注写其钢筋种类与直径;端支座柱外核心区尚需注写附加 U 形箍筋的钢筋种类、直径及根数。框架扁梁节点核心区附加抗剪纵向钢筋以大写字母 F 打头,大写字母 X 或 Y 注写其设置方向 x 向或 y 向,层数、每层钢筋根数、钢筋种类、直径及未穿过柱截面的纵向受力钢筋根数。

【例】KBH1 φ10,F X&Y 2×7 Φ 14(4),表示1号框架扁梁中间支座节点核心区:柱外核心区竖向拉筋φ10;沿梁 x 向(y 向)配置两层7 Φ 14 附加抗剪纵向钢筋,每层有4根附加抗剪纵向钢筋未穿过柱截面,柱两侧各2根;附加抗剪纵向钢筋沿梁高度范围均匀布置,如图3.20(a)所示。

【例】KBH2 φ10,4 φ10,F X 2×7 Φ 14(4),表示2号框架扁梁端支座节点核心区:柱外核心区竖向拉筋φ10;附加 U 形箍筋共4道,柱两侧各2道;沿框架扁梁 x 向配置两层7 Φ 14 附加抗剪纵向钢筋,每层有4根附加抗剪纵向钢筋未穿过柱截面,柱两侧各2根;附加抗剪纵向钢筋沿梁高度范围均匀布置,如图3.20(b)所示。

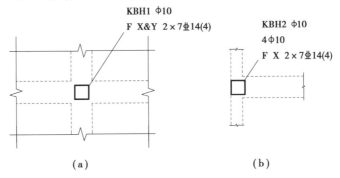

图3.20 框架扁梁节点核心区附加钢筋注写示例

5)井字梁注写

井字梁通常由非框架梁构成,并以框架梁为支座(特殊情况下以专门设置的非框架大梁为支座)。在此情况下,为明确区分井字梁与作为井字梁支座的梁,井字梁用单粗虚线表示(当井字梁顶面高出板面时可用单粗实线表示),作为井字梁支座的梁用双细虚线表示(当梁顶面高出板面时可用细实线表示),如图3.21所示。

3.1.3 梁截面注写方式

梁截面注写方式是指在分标准层绘制的梁平面布置图上,分别在不同编号的梁中各选择一根梁用剖面号引出配筋图,并在其上注写截面尺寸和配筋具体数值的方式来表达梁平法施工图,如图3.22所示。

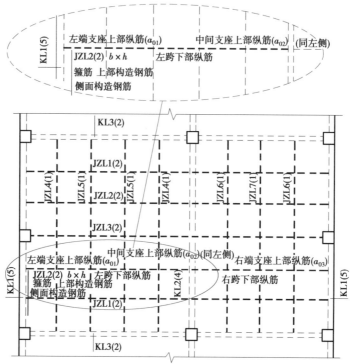

注：本图仅示意井字梁的注写方法，未注明截面几何尺寸 $b \times h$，支座上部纵筋伸出长度 $a_{01} \sim a_{03}$，以及纵筋与箍筋的具体数值。

图 3.21　井字梁平面注写方式示例

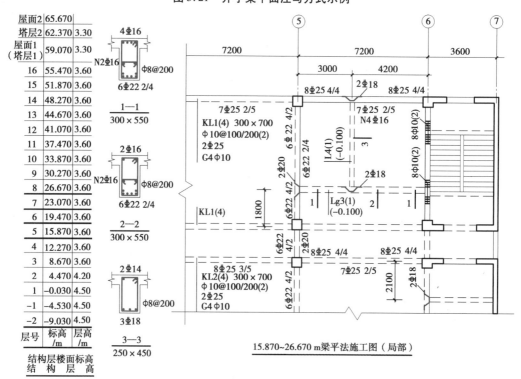

图 3.22　梁截面注写方式示意图

进行截面注写时,从相同编号的梁中选择一根梁,用剖面号引出截面位置,再将截面配筋详图画在本图或其他图上。当某梁的顶面标高与结构层的楼面标高不同时,尚应继其梁编号后注写梁顶面标高高差(注写规定与平面注写方式相同)。

在截面配筋详图上注写截面尺寸 $b×h$、上部筋、下部筋、侧面构造筋或受扭筋以及箍筋的具体数值时,其表达形式与平面注写方式相同。

截面注写方式既可以单独使用,也可与平面注写方式结合使用。在梁平法施工图中一般采用平面注写方式,但是对异形截面梁的尺寸和配筋,用截面注写方式则相对更方便。

3.2 宿舍楼工程梁钢筋识图

3.2.1 宿舍楼工程梁部分结构设计说明

①由图 2.5 可知,宿舍楼抗震等级为四级,抗震设防烈度为 6 度。

②混凝土强度等级如图 3.23 所示。

构 件 名 称	混凝土强度等级	备 注
基础顶面至首层的框架柱	C40	/
二层及以上的框架柱,所有层的梁和板	C30	/

图 3.23 梁混凝土强度等级说明

③钢筋牌号说明如图 3.24 所示,具体每一个构件的钢筋牌号详见平面图或详图。

2.钢筋:

(1)ф表示 HPB300 钢筋(Ⅰ级钢筋,$f_y = 270$ N/mm^2)

(2)Ⅰ表示 HRB400 钢筋(Ⅲ级钢筋,$f_y = 360$ N/mm^2)

图 3.24 钢筋牌号说明

④保护层厚度如图 3.25 所示。

钢筋所在部位	最小保护层厚度	备 注
柱、梁	20 mm	卫生间等潮湿环境下 25 mm

注:构件中受力钢筋的保护层厚度(最外层钢筋外边缘至混凝土表面的距离)不应小于钢筋的公称直径。

钢筋混凝土基础宜设置混凝土垫层,基础中纵向受力钢筋的保护层厚度应从垫层顶面算起,且不应小于 40 mm。

对有防火要求的建筑物,其保护层厚度尚应符合国家现行有关标准的要求。

图 3.25 保护层厚度说明

⑤钢筋接头形式如图 3.26 所示。

⑥梁说明不同于 22G101 系列图集的地方,如图 3.27 所示。

钢筋接头形式及要求:

水平钢筋接头:钢筋直径≤14 mm 的采用绑扎接头,直径16~18 mm 的采用单面焊接10d,钢筋直径≥20 mm 的采用机械连接。

竖向钢筋接头:钢筋直径≤14 mm 的采用绑扎接头,直径16~20 mm 的采用电渣压力焊,钢筋直径≥22 mm 的采用机械连接。

图3.26 钢筋接头形式说明

(4)主次梁高度相同时(基础梁除外),次梁的下部纵向钢筋应置于主梁下部纵向钢筋之上,并锚入主梁内15d,详见图10。

(5)当支座两边梁宽不等(或错位)时,负筋做法详见图11。

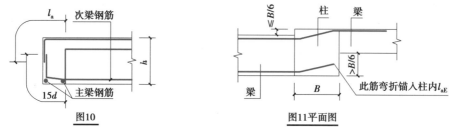

图10   图11平面图

(11)次梁底标高低于主梁时,可按图12加设吊筋,吊筋配筋详见梁配筋施工图。主梁加密箍筋和吊筋构造同本款说明。

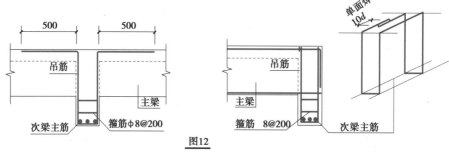

图12

(13)梁上孔洞必须预留,不得后凿。除按结构施工图纸预留孔洞外,还应由各工种的施工人员根据各工种的施工图纸认真核对,确定无遗漏后才能浇灌混凝土。在梁跨中开不大于φ150 的洞,在具体设计中未说明做法时,洞的位置应在梁跨中的2/3范围内,梁高的中间1/3范围内,洞边及洞上下的配筋见图13。

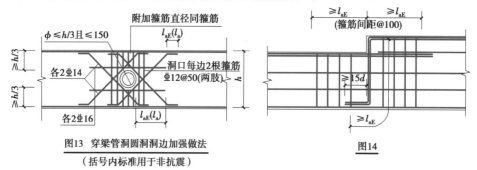

图13 穿梁管洞圆洞洞边加强做法   图14
(括号内标准用于非抗震)

(14)当梁、柱和墙(含水箱水池壁)纵向受力钢筋保护层厚度大于40 mm 时,在保护层中附加钢筋网φ4@200×200,附加钢筋网保护层厚度取15 mm,端部锚固长度统一取250 mm。

(15)梁在一跨内高梁顶标高有变化时,当高差≤100 mm 时,钢筋可弯折拉通;当高差>100 mm 时,做法详见图14。

图3.27 细节部位说明

综上所述,由结构设计总说明中有关梁部分的说明可知:结构抗震等级为四级,梁的混凝土强度等级为C30,钢筋为 HRB400 钢筋。

3.2.2　宿舍楼工程梁的识图

1)梁平面图中对附加吊筋和箍筋的说明

梁平面图中对附加吊筋和箍筋的说明如图3.28所示。

梁说明:
1.本图采用平法标注,参见国家建筑标准设计图集22G101—1。
2.材料:梁混凝土强度等级为C30,钢筋:Ⅲ级钢筋为HRB400(坐)。
5.除图中注明的附加吊筋外,主次梁相交处,在主梁上次梁两侧各加密箍3坐d@50,d为该跨主梁箍筋
　直径;在次梁相交部位两侧各加密箍3坐d@50,d为该跨次梁箍筋直径。
7.未注明的梁架立筋为坐12。

图3.28　关于附加箍筋、吊筋或其他未标注处说明

2)梁平面图

各层梁平面图详见附图。下面以KL10(3)为例进行识读,KL10(3)平法标注如图3.29所示。

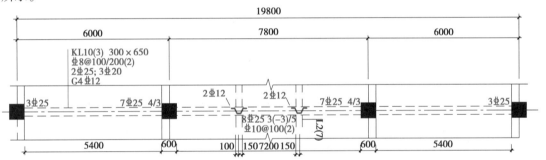

图3.29　KL10(3)平法标注

集中标注表示该梁为10号框架梁,梁宽为300 mm,梁高为650 mm;箍筋为直径8 mm的HRB400钢筋,两肢箍,加密区间距为100 mm,非加密区间距为200 mm;上部通长筋为两根直径25 mm的HRB400钢筋;下部通长筋为3根直径20 mm的HRB400钢筋;侧面构造钢筋为4根直径12 mm的HRB400钢筋,每侧2根。

第一跨左侧上部原位标注表示该跨左支座共有3根直径25 mm的HRB400钢筋,其中包含两根上部通长筋和一根支座负筋。第一跨右侧上部原位标注表示该跨右支座共有7根直径25 mm的HRB400钢筋,分两排,第一排4根,其中2根是上部通长筋,2根是支座负筋;第二排3根,均为支座负筋。

第二跨左侧上部原位标注为空,表示该跨左支座情况同第一跨右支座。第二跨右侧上部原位标注表示该跨右支座共有7根直径25 mm的HRB400钢筋,分两排,第一排4根,其中2根是上部通长筋,2根是支座负筋;第二排3根,均为支座负筋。第二跨下部标注表示该跨下部有8根直径25 mm的HRB400钢筋,分两排,下部一排5根伸入支座,上一排有3根都不伸入支座。此跨箍筋为直径10 mm的HRB400钢筋,两肢箍,间距为100 mm。第二跨中与次梁相交处有附加吊筋,此两处分别有2根直径12 mm的HRB400钢筋。同时,根据设计说明

的相关规定,此梁左右侧的主梁上分别增加 3 根附加箍筋,箍筋为直径 10 mm 的 HRB400 钢筋,间距为 50 mm。

第三跨右侧原位标注表示右侧支座有 3 根直径 25 mm 的 HRB400 钢筋。

3.3 宿舍楼工程梁钢筋算量

3.3.1 楼层框架梁钢筋算量

梁钢筋类型及构造

1)楼层框架梁的钢筋计算公式

楼层框架梁 KL 纵向钢筋构造如图 3.30 所示。

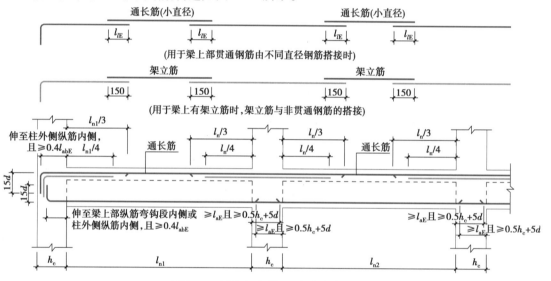

图 3.30 楼层框架梁 KL 纵向钢筋构造

(1)上部通长筋

①单跨通长筋。单跨通长筋三维示意图如图 3.31 所示。

上部通长筋长度=净跨长 l_n+左支座锚固长度+右支座锚固长度+搭接长度

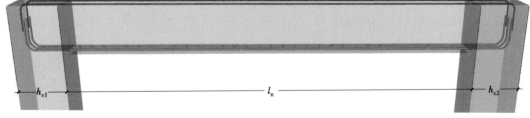

图 3.31 单跨梁上部、下部通长筋三维示意图

②多跨通长筋。多跨通长筋三维示意图如图 3.32 所示。

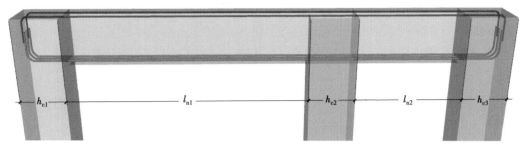

图 3.32 多跨梁上部、下部通长筋三维示意图

上部通长筋长度＝总净跨长(两侧端头支座之间的净长度)＋左支座锚固长度＋
右支座锚固长度＋搭接长度

上部通长筋长度＝l_{n1}＋h_{c2}＋l_{n2}＋左、右支座锚固长度＋搭接长度

其中,支座锚固长度的确定方式如图 3.33 所示。

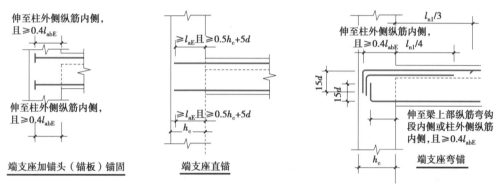

图 3.33 梁锚固方式

- 当 $h_c-c \geqslant l_{aE}$ 时,直锚,锚固长度＝$\max(l_{aE}, 0.5h_c+5d)$。
- 当 $h_c-c < l_{aE}$ 时,弯锚,锚固长度＝$h_c-c+15d-90°$弯折调整值。

当钢筋为 HRB400 时,弯锚时,锚固长度＝$h_c-c+12.92d$。

其中,c 为柱保护层厚度;h_c 为柱宽。

(2)下部通长筋

下部通长筋三维示意图如图 3.31 和图 3.32 所示。

$$下部通长筋长度＝净跨长＋左支座锚固长度＋右支座锚固长度$$

即   单跨梁下部通长筋长度＝净跨长 l_n＋左、右支座锚固长度

多跨梁下部通长筋长度＝总净跨长(两侧端头支座之间的净长度)＋
左、右支座锚固长度＋搭接长度

支座锚固长度的判断同上部通长筋。

(3)梁支座负筋

梁支座负筋是指位于梁支座上部承受负弯矩作用的纵向受力钢筋。支座负筋按照部位分为端支座负筋和中间支座负筋,如图 3.34 所示。

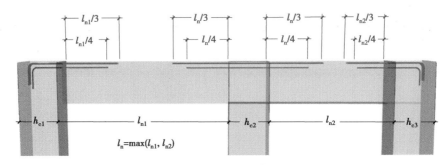

图 3.34　支座负筋示意图

①端支座负筋:

端支座第一排负筋长度=左或右支座锚固长度+净跨长/3

端支座第二排负筋长度=左或右支座锚固长度+净跨长/4

②中间支座负筋:

中间支座第一排负筋长度=2×max(左跨净跨长,右跨净跨长)/3+支座宽

中间支座第二排负筋长度=2×max(左跨净跨长,右跨净跨长)/4+支座宽

其中,净跨长为左跨净跨长 l_{ni} 和右跨净跨长 l_{ni+1} 之较大值,其中 $i=1,2,3\cdots\cdots$。

(4)架立筋

架立筋是构造要求的非受力钢筋,一般布置在梁的受压区且直径较小。当梁的上部既有通长筋又有架立筋时,架立筋的搭接长度为 150 mm,如图 3.35 所示。

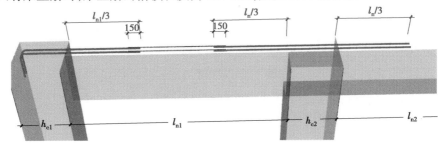

图 3.35　架立筋三维示意图

架立筋长度=净跨长 l_{n1}-左支座负筋净长 l_{n1}/3-

右支座负筋净长 l_n/3+150×2

(5)梁侧面纵筋

梁侧面纵筋如图 3.36 和图 3.37 所示。

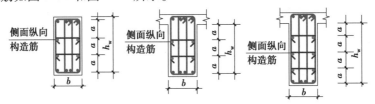

图 3.36　梁侧面纵向构造筋和拉筋构造

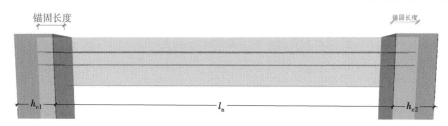

图 3.37　梁侧面纵筋示意图

①构造纵筋：

$$构造纵筋长度=净跨长\ l_n+2\times15d+搭接长度$$

其中，$15d$ 为锚固长度；搭接长度也为 $15d$。

②抗扭纵筋：

$$抗扭纵筋长度=净跨长\ l_n+2\times锚固长度+搭接长度$$

其中，搭接长度：框架梁为 l_{lE}，非框架梁为 l_l；锚固长度为 l_{aE} 或 l_a，锚固方式：框架梁同框架梁下部纵筋，非框架梁同非框架梁下部纵筋。

（6）拉筋

拉筋弯钩构造做法如图 3.38 所示，梁拉筋三维示意图如图 3.39 所示。

拉筋同时勾住纵筋和箍筋　　拉筋紧靠纵向钢筋并勾住箍筋　　拉筋紧靠箍筋并勾住纵筋

图 3.38　拉筋弯钩构造做法

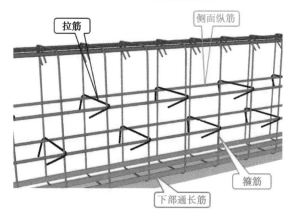

图 3.39　梁拉筋三维示意图

拉筋长度=梁宽-2×保护层厚度+2×135°弯钩增加长度+2×max(10d,75)

当钢筋为 HRB400 时

拉筋长度=梁宽-2×保护层厚度+2×2.89d+2×max(10d,75)

拉筋根数=[（净跨长 l_n-50×2)/拉筋间距+1]×排数

其中,排数等于侧面纵筋数量的一半。

拉筋直径取值范围:梁宽≤350 mm 时,取 6 mm;梁宽>350 mm 时,取 8 mm;拉筋间距为非加密区箍筋间距的 2 倍。当有多排拉筋时,上下两排竖向错开布置。

(7)箍筋

①箍筋单根长度计算。箍筋如图 3.40 所示。

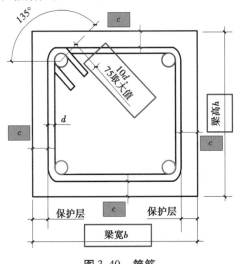

图 3.40 箍筋

$$箍筋长度=梁截面周长-8×保护层厚度-90°弯折调整值×3+$$
$$135°弯钩增加长度×2+\max(10d,75)×2$$

一般情况下,箍筋直径 $d≥8$ mm,当钢筋为 HRB400 时

$$箍筋长度=梁截面周长-8×保护层厚度-2.08d×3+2.89d×2+\max(10d,75)×2$$
$$=梁截面周长-8×保护层厚度+19.54d$$

②箍筋根数计算。梁钢筋布置三维示意图如图 3.7 所示。

A.梁的箍筋间距不同。

a.梁支座为柱时,梁箍筋布置如图 3.41 所示。

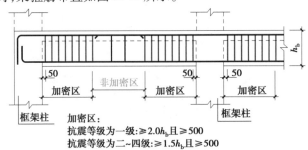

图 3.41 框架梁箍筋加密区范围(一)

$$加密区箍筋根数 n_1=[(加密区长度-50)/加密区间距+1]×2$$

$$非加密区箍筋根数 n_2=非加密区长度/非加密区间距-1$$

$$箍筋总根数 n=n_1+n_2$$

其中：

抗震等级为一级：箍筋加密区长度$=\max(2h_b, 500)$，h_b 为梁高。

抗震等级为二~四级：箍筋加密区长度$=\max(1.5h_b, 500)$。

箍筋非加密区长度：$L=$梁净跨长$-2\times$加密区长度。

b. 若框架梁一端支座为柱，一端支座为主梁时，梁箍筋布置如图3.42所示，在主梁一端可不设加密区，加密区箍筋计算方法同上，对非加密区则根据设计确定。

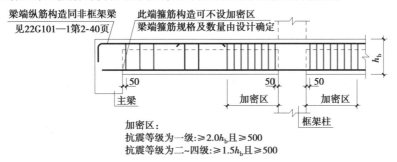

图 3.42　框架梁箍筋加密区范围(二)

B. 梁的箍筋间距相同。

$$箍筋总根数=(净跨长-2\times50)/间距+1$$

（8）吊筋

当梁的某部位受到大的集中荷载作用时，为使梁不产生局部严重破坏，产生过大裂缝而引起结构破坏，同时使梁的组成材料能充分发挥各自作用，在剪力有大幅突变的部位设置吊筋，具体设置由设计单位确定。附加吊筋构造如图3.43所示。

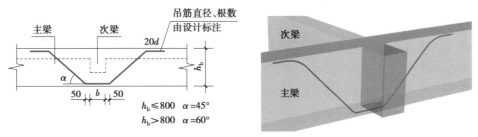

图 3.43　附加吊筋构造

$$吊筋长度=b+2\times50+2\times20d+2\times(h_b-2c)/\sin\alpha-弯折调整值\times4$$

其中，b 为次梁宽；h_b 为主梁高；α 为夹角，当梁高$\leqslant800$ mm 取$45°$，当梁高>800 mm 时取$60°$。

（9）不伸入支座的梁下部纵向钢筋

不伸入支座的梁下部纵向钢筋断点位置如图3.44所示。

$$不伸入支座的梁下部纵向钢筋长度=净跨长\times0.8$$

（10）梁下部伸入中间支座的非通长钢筋

梁下部伸入中间支座的非通长钢筋设置如图3.45所示。

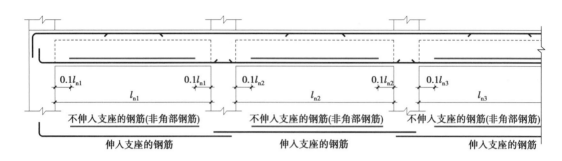

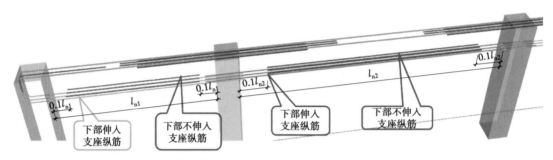

图 3.44 不伸入支座的梁下部纵向钢筋断点位置及其三维示意图

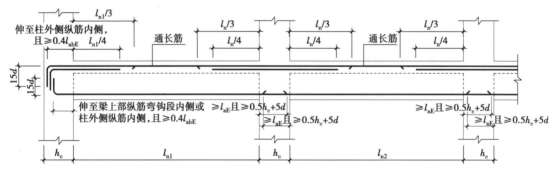

图 3.45 梁下部伸入支座非通长筋设置

梁下部钢筋长度=左支座锚固长度+净跨长+右支座锚固长度

支座若为端支座,其锚固判断同上部通长筋;支座若为中间支座,则其锚固长度 = max $(l_{aE},0.5h_c+5d)$。

(11)附加箍筋

附加箍筋如图 3.46 所示,其长度计算同箍筋长度计算。

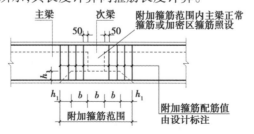

图 3.46 附加箍筋示意图

(12)梁中间支座纵向钢筋构造

当梁相邻两跨的截面尺寸发生变化时,其纵筋构造如图 3.47 所示。当中间支座两侧框架梁宽度不同或梁中心线不在同一直线时,钢筋排布构造如图 3.48 所示。

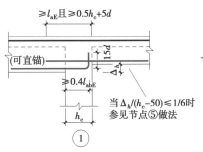
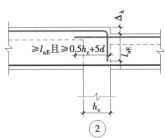
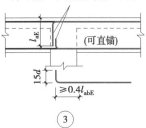

当支座两边梁宽不同或错开布置时,将无法直通的纵筋弯 锚入柱内;或当支座两边纵筋根数不同时,可将多出的纵筋弯锚入柱内

WKL中间支座纵向钢筋构造

（节点①~③）

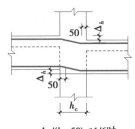
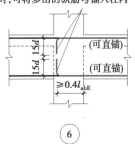
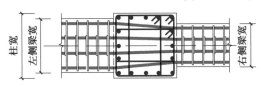

当支座两边梁宽不同或错开布置时,将无法直通的纵筋弯锚入柱内;当支座两边纵筋根数不同时,可将多出的纵筋弯锚入柱内

KL中间支座纵向钢筋构造

（节点④—⑥）

图 3.47　KL、WKL 中间支座纵筋构造

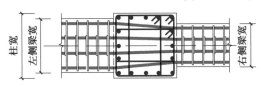

支座两侧框架梁梁宽不同且中轴线相同时纵筋排布构造

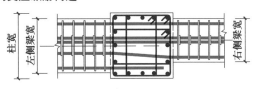

支座两侧框架梁一侧梁边平齐时纵筋排布构造（一）

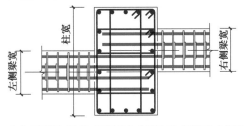

支座两侧框架梁梁宽不同且部分位置错开时纵筋排布构造

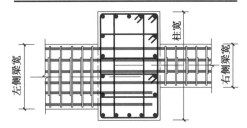

支座两侧框架梁一侧梁边平齐时纵筋排布构造（二）

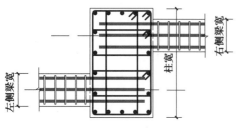 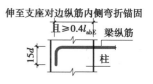

图 3.48 中间支座两侧框架梁宽度不同或梁中心线不在同一直线时钢筋排布构造

2)楼层框架梁钢筋计算示例

(1)示例一

以宿舍楼工程"四、五层模板及梁配筋图"中①轴上⑤~⑥轴的 KL6(1)为例,如图 3.49 所示。查询图纸可知,轴距为 8 400 mm,左右支座柱尺寸为 600 mm×600 mm,净跨长为 8 400-600=7 800(mm)。根据结构设计说明可知,本工程为框架结构,抗震等级为四级,柱、梁的保护层厚度为 20 mm。基础顶面至首层的框架柱为 C40,二层及以上的框架柱、所有的梁和板为 C30。计算 KL6 的全部钢筋,具体计算过程如表 3.3 所示。

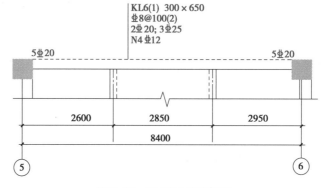

图 3.49 KL6(1)平法标注

表 3.3 KL6(1)钢筋工程量计算表

部位	钢筋信息	计算
上部通长筋	2 ⾵ 20	$h_c-c=600-20=580(\text{mm})<l_{aE}=l_a=35d=35×20=700(\text{mm})$,采用弯锚。 左支座锚固长度=右支座锚固长度=$h_c-c+12.92d=580+12.92×20=838.4(\text{mm})$ 上部通长筋单根长=净跨长+左支座锚固长度+右支座锚固长度=7 800+838.4×2=9 476.8(mm)
下部通长筋	3 ⾵ 25	查表知 $h_c-c=600-20=580(\text{mm})<l_{aE}=l_a=35d=35×25=875(\text{mm})$,采用弯锚。 左支座锚固长度=右支座锚固长度=$h_c-c+12.92d=580+12.92×25=903(\text{mm})$ 下部通长筋单根长=净跨长+左支座锚固长度+右支座锚固长度=9 606 mm 机械接头个数统计:9 606/9 000-1=1(个)
左、右支座负筋	6 ⾵ 20	锚固长度同上部通长筋。 支座负筋单根长=左支座锚固长度+净跨长/3=838.4+7 800/3=3 438.4(mm)

部位	钢筋信息	计算
箍筋	$\underline{\Phi}8@100(2)$	箍筋单根长=梁截面周长-8×保护层厚度+19.54d=(300+650)×2-8×20+19.54×8 =1 896.32(mm) 箍筋根数=(梁的净跨长-2×50)/间距+1=(7 800-2×50)/100+1=78(根)
侧面受扭钢筋	N4$\underline{\Phi}$12	$h_c-c=600-20=580$(mm)$>l_{aE}=35d=35×12=420$(mm),采用直锚。 锚固长度=$\max(l_{aE},0.5h_c+5d)=420$ mm 抗扭纵筋单根长=净跨长+2×锚固长度=7 800+2×l_{aE}=7 800+2×420=8 640(mm)
拉筋	$\underline{\Phi}6$	梁宽300 mm,拉筋直径为6 mm,拉筋间距为非加密区箍筋间距的2倍,即间距为200 mm。 拉筋单根长=梁宽-2×保护层厚度+2×2.89d+2×$\max(10d,75)$=300-2×20+2×2.89×6+2×75=444.68(mm) 拉筋根数=[(净跨长-50×2)/拉筋间距+1]×排数=[(7 800-50×2)/200+1]×2=80(根)
汇总	$\underline{\Phi}20$	长度:2×9.48+3.44×6=39.6(m)
		质量:2.47×39.6=97.81(kg)
	$\underline{\Phi}25$	长度:3×9.61=28.83(m)
		质量:3.85×28.83=111.0(kg)
	$\underline{\Phi}8$	长度:78×1.9=148.2(m)
		质量:0.395×148.2=58.54(kg)
	$\underline{\Phi}12$	长度:4×8.64=34.56(m)
		质量:0.888×34.56=30.69(kg)
	$\underline{\Phi}6$	长度:80×0.44=35.2(m)
		质量:0.222×35.2=7.81(kg)
	机械接头 ($\underline{\Phi}$25)	数量:1×3=3(个)

（2）示例二

以宿舍楼工程"四、五层模板及梁配筋图"中③轴KL10(3)为例（见图3.29）。查询图纸可知,第二跨处两根次梁均为L2(7),截面尺寸为250 mm×550 mm,抗震等级、混凝土强度等级及保护层厚度的规定同"示例一",其钢筋工程量计算如表3.4所示。

表3.4 KL10(3)钢筋工程量计算表

部位	钢筋信息	计算
上部通长筋	2$\underline{\Phi}$25	$h_c-c=600-20=580$(mm)$<l_{aE}=l_a=35d=35×25=875$(mm),采用弯锚。 左支座锚固长度=右支座锚固长度=$h_c-c+12.92d=580+12.92×25=903$(mm) 由图纸设计说明可知:直径为25 mm的水平钢筋采用机械连接。 上部通长筋单根长=总净跨长+左支座锚固长度+右支座锚固长度=19 800-600+903×2=21 006(mm) 机械接头个数计算:21 006/9 000-1=2(个)

续表

部位	钢筋信息	计算
第一跨端支座负筋	1 ⊕ 25	锚固长度计算同上部通长筋。 端支座第一排负筋长度=左支座锚固长度+净跨长/3=903+5 400/3=2 703(mm)
第一跨中间支座负筋第一排	2 ⊕ 25	中间支座第一排负筋的长度=2×max(左跨净跨长,右跨净跨长)/3+支座宽=2×7 200/3+600=5 400(mm)
第一跨中间支座负筋第二排	3 ⊕ 25	中间支座第二排负筋的长度=2×max(左跨净跨长,右跨净跨长)/4+支座宽=2×7 200/4+600=4 200(mm)
第二跨右中间支座负筋第一排	2 ⊕ 25	中间支座第一排负筋的长度=2×max(左跨净跨长,右跨净跨长)/3+支座宽=2×7 200/3+600=5 400(mm)
第二跨右中间支座负筋第二排	3 ⊕ 25	中间支座第二排负筋的长度=2×max(左跨净跨长,右跨净跨长)/4+支座宽=2×7 200/4+600=4 200(mm)
第三跨端支座负筋	1 ⊕ 25	锚固长度计算同上部通长筋。 端支座第一排负筋长度=903+5 400/3=2 703(mm)
第一跨和第三跨下部纵筋	6 ⊕ 20	端支座锚固长度判断同上部通长筋,采用弯锚。 锚固长度=$h_c-c+12.92d$=838.4(mm) 中间支座采用直锚,锚固长度=max(l_{aE},0.5h_c+5d)=max(35×20,0.5×600+5×20)=700(mm) 纵筋单根长=838.2+700+5 400=6 938.4(mm)
第二跨下部纵筋（伸入支座）	5 ⊕ 25	支座锚固长度=max(l_{aE},0.5h_c+5d)=35×25=875(mm) 纵筋单根长=875×2+7 200=8 950(mm)
第二跨下部纵筋（不进支座）	3 ⊕ 25	纵筋单根长=0.8l_{n2}=0.8×7 200=5 760(mm)
第一跨和第三跨箍筋	⊕ 8@100/200(2)	箍筋单根长=梁截面周长-8×保护层厚度+19.54d=(300+650)×2-8×20+19.54×8=1 896.32(mm) 加密区长度=max(1.5h_b,500)=1.5h_b=975 mm 第一跨加密区根数 n_1=[(加密区长度-50)/加密区间距+1]×2=[(975-50)/100+1]×2=22(根) 第一跨非加密区根数 n_2=非加密区长度/非加密区间距-1=16(根) 第一跨箍筋总根数：$n=n_1+n_2$=22+16=38(根)
第二跨箍筋	⊕ 10@100(2)	箍筋单根长=梁截面周长-8×保护层厚度+19.54d=(300+650)×2-8×20+19.54×10=1 935.4(mm) 箍筋根数=(净跨长-2×50)/间距+1=(7 200-100)/100+1=72(根)
侧面构造钢筋	G4 ⊕ 12	构造纵筋长度=净跨长 l_n+2×15d+搭接长度=19 800-600+2×15×12+15d×2=19 920(mm)

部位	钢筋信息	计算
拉筋	⚲6	梁宽 300 mm，拉筋直径为 6 mm，拉筋间距为非加密区箍筋间距的 2 倍，即第一跨和第三跨间距为 400 mm，第二跨间距为 200 mm。 拉筋单根长＝梁宽－2×保护层厚度＋2×2.89d＋2×max(10d,75)＝300－2×20＋2×2.89×6＋2×75＝444.68(mm) 拉筋根数＝[(净跨长－50×2)/拉筋间距＋1]×排数＝[(5 400－50×2)/400＋1]×2(排)×2(跨)＋[(7 200－50×2)/200＋1]×2＝134(根)
吊筋	4 ⚲12	吊筋单根长度＝b＋2×50＋2×20d＋2×(h_b－2c)/sin α－弯折调整值×4＝250＋100＋40×12＋2×(650－20×2)/sin 45°－0.52×12×4＝2 530.12(mm)
汇总	⚲25	长度：2×21.01＋1×2.7＋2×5.4＋3×4.2＋2×5.4＋3×4.2＋2.7＋5×8.95＋3×5.76＝156.25(m)
		质量：3.85×156.25＝601.56(kg)
	⚲20	长度：6×6.94＝41.64(m)
		质量：2.47×41.64＝102.85(kg)
	⚲12	长度：4×19.92＋4×2.53＝89.80(m)
		质量：0.888×89.80＝79.74(kg)
	⚲10	长度：72×1.94＝139.68(m)
		质量：0.617×139.32＝85.96(kg)
	⚲8	长度：76×1.900＝144.4(m)
		质量：0.395×144.4＝57.04(kg)
	⚲6	长度：134×0.44＝58.96(m)
		质量：0.222×58.96＝13.09(kg)
	机械接头	数量：2×2＝4(个)

3.3.2　屋面框架梁钢筋算量

1)屋面框架梁的钢筋计算公式

屋面框架梁纵向钢筋构造如图 3.50 所示。由图可知，其上部纵筋伸入支座弯折至梁底。

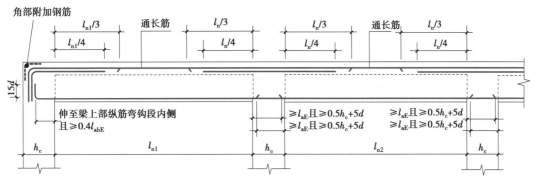

图 3.50　屋面框架梁 WKL 纵向钢筋构造

屋面框架梁端支座锚固方式如图 2.17、图 2.18 和图 2.21 所示。由图可知,屋面框架梁的上部纵筋端支座锚固有两种:第一种是下弯至梁底位置;第二种是下弯 $1.7l_{abE}$。故其上部纵筋的端支座锚固长度有两种:

$$端支座锚固长度 = h_c - c + 梁高 - c - 90°弯折调整值$$
$$端支座锚固长度 = h_c - c + 1.7l_{abE} - 90°弯折调整值$$

屋面框架梁其余钢筋计算与楼层框架梁相同。

2)屋面框架梁的钢筋计算示例

如图 3.51 所示为宿舍楼工程"顶层屋面模板及梁配筋图"中 WKL11(3)的平面标注。查询图纸可知,抗震等级、混凝土强度等级及保护层厚度的规定同"示例一",其钢筋工程量计算过程如表 3.5 所示。

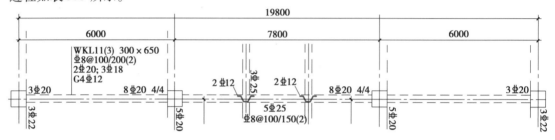

图 3.51 WKL11(3)平面标注

表 3.5 WKL11(3)钢筋工程量计算表

部位	钢筋信息	计算
上部通长筋	2⌀20	屋面框架梁上部纵筋均需弯锚,查表知 $l_{aE}=l_a=35d=35×20=700(mm)$。 左、右支座锚固长度 $=h_c-c+梁高-c-90°弯折调整值=600-20+650-20-2.08d=580+630-2.08×20=1\,168.4(mm)$ 上部通长筋单根长 $=总净跨长+左支座锚固长度+右支座锚固长度=19\,800-600+1\,168.4×2=21\,536.8(mm)$ 机械接头个数计算:$21\,536.8/9\,000-1=2(个)$
第一跨端支座负筋	1⌀20	锚固长度计算同上部通长筋。 端支座第一排负筋长度 $=左支座锚固长度+净跨长/3=1\,168.4+5\,400/3=2\,968.4(mm)$
第一跨中间支座负筋第一排	2⌀20	中间支座第一排负筋长度 $=2×max(左跨净跨长,右跨净跨长)/3+支座宽=2×7\,200/3+600=5\,400(mm)$
第一跨中间支座负筋第二排	4⌀20	中间支座第二排负筋长度 $=2×max(左跨净跨长,右跨净跨长)/4+支座宽=2×7\,200/4+600=4\,200(mm)$
第二跨右中间支座负筋第一排	2⌀20	中间支座第一排负筋长度 $=2×max(左跨净跨长,右跨净跨长)/3+支座宽=2×7\,200/3+600=5\,400(mm)$
第二跨右中间支座负筋第二排	4⌀20	中间支座第二排负筋的长度 $=2×max(左跨净跨长,右跨净跨长)/4+支座宽=2×7\,200/4+600=4\,200(mm)$

续表

部位	钢筋信息	计算
第三跨端支座负筋	1 Φ 20	同第一跨端支座负筋。 端支座负筋长度 = 2 968.4 mm
第一跨和第三跨下部纵筋	6 Φ 18	端支座锚固长度判断同楼层框架梁,采用弯锚。 端支座锚固长度 = $h_c - c + 12.92d = 600 - 20 + 12.92 \times 18 = 812.56 (mm)$ 中间支座采用直锚。 中间支座锚固长度 = $\max(l_{aE}, 0.5h_c + 5d) = \max(35 \times 18, 0.5 \times 600 + 5 \times 18) = 630 (mm)$ 纵筋单根长 = $812.56 + 630 + 5\ 400 = 6\ 842.56 (mm)$
第二跨下部纵筋	5 Φ 25	支座锚固长度 = $\max(l_{aE}, 0.5h_c + 5d) = 35 \times 25 = 875 (mm)$ 纵筋单根长 = $875 \times 2 + 7\ 200 = 8\ 950 (mm)$
第一跨和第三跨箍筋	Φ 8@100/200(2)	箍筋单根长 = 梁截面周长 $- 8 \times$ 保护层厚度 $+ 19.54d = (300 + 650) \times 2 - 8 \times 20 + 19.54 \times 8 = 1\ 896.32 (mm)$ 加密区长度 = $\max(1.5h_b, 500) = 1.5h_b = 975$ mm 第一跨加密区根数 $n_1 = [($加密区长度 $- 50)/$加密区间距 $+ 1] \times 2 = [(975 - 50)/100 + 1] \times 2 = 22 ($根$)$ 第一跨非加密区根数 $n_2 =$ 非加密区长度/非加密区间距 $- 1 = 16 ($根$)$ 第一跨和第三跨箍筋总根数 $n = (n_1 + n_2) \times 2 = (22 + 16) \times 2 = 76 ($根$)$
第二跨箍筋	Φ 8@100/150(2)	箍筋单根长(同第一跨箍筋) = 1 896.32 mm 加密区箍筋根数 $n_1 = [($加密区长度 $- 50)/$加密区间距 $+ 1] \times 2 = [(975 - 50)/100 + 1] \times 2 = 22 ($根$)$ 非加密区箍筋根数 $n_2 =$ 非加密区长度/非加密区间距 $- 1 = (7\ 200 - 975 \times 2)/150 - 1 = 34 ($根$)$ 第二跨箍筋总根数 $n = n_1 + n_2 = 56 ($根$)$
侧面构造钢筋	G4 Φ 12	构造纵筋长度 = 净跨长 $l_n + 2 \times 15d +$ 搭接长度 = $19\ 800 - 600 + 2 \times 15 \times 12 + 15d \times 2 = 19\ 920 (mm)$
拉筋	Φ 6	梁宽 300 mm,拉筋直径 6 mm,拉筋间距为非加密区箍筋间距的 2 倍,即第一跨和第三跨间距为 400 mm,第二跨间距为 300 mm。 拉筋单根长 = 梁 $- 2 \times$ 保护层厚度 $+ 2 \times 2.89d + 2 \times \max(10d, 75) = 300 - 2 \times 20 + 2 \times 2.89 \times 6 + 2 \times 75 = 444.68 (mm)$ 拉筋根数 = $[($净跨长 $- 50 \times 2)/$拉筋间距 $+ 1] \times$ 排数 = $[(5\ 400 - 50 \times 2)/400 + 1] \times 2 ($排$) \times 2 ($跨$) + [(7\ 200 - 50 \times 2)/300 + 1] \times 2 = 110 ($根$)$
吊筋	4 Φ 12	吊筋单根长度 = $b + 2 \times 50 + 2 \times 20d + 2 \times (h_b - 2c)/\sin\alpha -$ 弯折调整值 $\times 4 = 250 + 100 + 40 \times 12 + 2 \times (650 - 20 \times 2)/\sin 45° - 0.52 \times 12 \times 4 = 2\ 530.12 (mm)$

续表

部位	钢筋信息	计算
汇总	Φ25	长度:5×8.95=44.75(m)
		质量:3.85×44.75=172.29(kg)
	Φ20	长度:2×21.54+1×2.97+2×5.4+4×4.2+2×5.4+4×4.2+2.97=104.22(m)
		质量:2.47×104.22=257.42(kg)
	Φ18	长度:6×6.84=41.04(m)
		质量:2.00×41.04=82.08(kg)
	Φ12	长度:4×19.92+4×2.53=89.80(m)
		质量:0.888×89.80=79.74(kg)
	Φ8	长度:(76+56)×1.90=250.8(m)
		质量:0.395×250.8=96.07(kg)
	Φ6	长度:0.44×110=48.4(m)
		质量:0.222×48.4=10.74(kg)
	机械接头	数量:2×2=4(个)

3.3.3 非框架梁钢筋算量

1)非框架梁的钢筋计算公式

非框架梁的配筋构造如图3.52所示,图中"设计按铰接时"用于代号为 L 的非框架梁;"充分利用钢筋的抗拉强度时"用于代号为 Lg 的非框架梁或原位标注"g"的梁端。

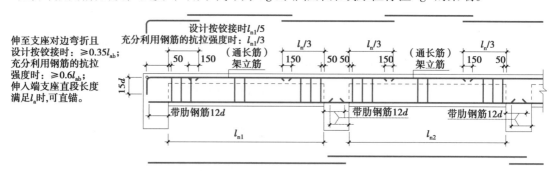

注:当端支座为中间层剪力墙时,图中0.35l_{ab},0.6l_{ab}调为0.4l_{ab}

图3.52 非框架梁配筋构造

(1)上部通长筋

上部通长筋长度 = 总净跨长(两侧端头支座之间的净长度) + 左支座锚固长度 + 右支座锚固长度

与框架梁不同之处在于端支座锚固长度,非框架梁端支座锚固长度计算如下:

①若伸入支座直段长度 $\geqslant l_a$ 时,可直锚,锚固长度 $= l_a$;

②否则采用弯锚,锚固长度 $= h_c$(主梁宽) $-c+15d-90°$ 弯折调整值。

(2)端支座负筋

设计按铰接时 端支座负筋长度 $= l_{n1}/5 +$ 端支座锚固长度

充分利用钢筋抗拉强度时 端支座负筋长度 $= l_{n1}/3 +$ 端支座锚固长度

端支座锚固长度判断同上部通长筋。

(3)中间支座负筋

$$中间支座负筋长度 = 净跨长度 + 2 \times l_n/3$$

$$l_n = \max(左跨净跨长,右跨净跨长)$$

(4)架立筋

$$架立筋长度 = 净跨长 - 左支座负筋伸入跨内净长 -$$
$$右支座负筋伸入跨内净长 + 150 \times 2$$

(5)下部纵筋

$$下部钢筋长度 = 净跨长 + 左支座锚固长度 + 右支座锚固长度$$

①端支座锚固长度满足直锚时,锚固长度带肋钢筋取 $12d$;不满足直锚 $12d$ 时,锚固长度 $= h_c - c + 135°$ 弯钩增加长度 $+5d$,或锚固长度 $= h_c - c + 90°$ 弯钩增加长度 $+12d$,如图 3.53 所示。

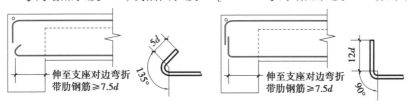

图 3.53 端支座非框架梁下部纵筋弯锚构造

②当中间支座两侧梁底标高相同时,锚固长度带肋钢筋取 $12d$;当中间支座两侧梁底标高不同时,按图 3.54 要求取值。

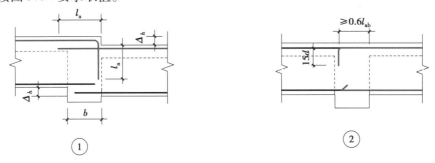

图 3.54 非框架梁中间支座纵向钢筋构造

2)非框架梁钢筋计算示例

以宿舍楼工程"四、五层模板及梁配筋图"中③～④轴与Ⓐ～Ⓑ轴的 L1(1)为例,如图3.55 所示。查询图纸可知,次梁没有抗震要求,且该次梁左右支座梁截面宽均为 300 mm,混凝土强度等级及保护层厚度的规定同楼层框架梁钢筋计算示例一。其钢筋工程量计算过程如表3.6所示。

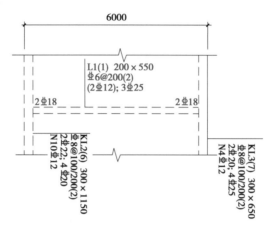

图 3.55 L1(1)平面标注

表 3.6 L1(1)钢筋工程量计算表

部位	钢筋信息	计算
左、右支座负筋	4 Φ 18	$h_c-c=300-20=280$(mm)$<l_a=35d=35\times18=630$(mm),采用弯锚。 左支座锚固长度=右支座锚固长度=$h_c-c+12.92d=280+12.92\times18=512.56$(mm) L 为设计按铰接,单根长=净跨长/5+左支座锚固=5 400/5+512.56=1 592.56(mm)
架立筋	2 Φ 12	单根长=$l_n-l_n/5-l_n/5+150\times2=3$ 540(mm)
下部通长筋	3 Φ 25	带肋钢筋锚固长度=$12d=12\times25=300$(mm)$>h_c-c$,不满足直锚,采用弯锚。 锚固长度=$h_c-c+135°$弯钩增加长度+$5d=280+7.89\times25=477.25$(mm) 下部通长筋单根长=净跨长+左支座锚固长度+右支座锚固长度=5 400+477.25×2=6 354.5(mm)
箍筋	Φ 6@200(2)	箍筋单根长=梁截面周长-8×保护层厚度-2.08d×3+2.89d×2+75×2=(200+550)×2-8×20-0.46×6+75×2=1 487.24(mm) 箍筋根数=(梁的净跨长-2×50)/间距+1=(5 400-2×50)/200+1=28(根)
汇总	Φ 18	长度:4×1.59=6.36(m)
		质量:2.00×6.36=12.72(kg)
	Φ 25	长度:3×6.35=19.05(m)
		质量:3.85×19.05=73.34(kg)
	Φ 12	长度:2×3.54=7.08(m)
		质量:0.888×7.08=6.29(kg)
	Φ 6	长度:28×1.49=41.72(m)
		质量:0.222×41.72=9.26(kg)

本章小结

　　本章解读了梁平法施工图的两种注写方式,即平面注写方式和截面注写方式;构建了梁钢筋的三维示意图,展示了梁中上部通长筋、下部通长筋、支座负筋、架立筋、腰筋、箍筋、拉筋等各种钢筋的基本构造;识读了宿舍楼工程梁钢筋图;列出了楼层框架梁、屋面框架梁和非框架梁钢筋工程量的计算公式,并对宿舍楼工程中楼层框架梁、屋面框架梁和非框架梁的钢筋工程量分别进行了实算。

课后练习

　　1.梁的类型有几种? 分别是什么?

　　2.梁箍筋 Φ 10@100/200(2),表示什么含义?

　　3.如图 3.56 所示,梁的集中标注和原位标注分别表示什么含义?

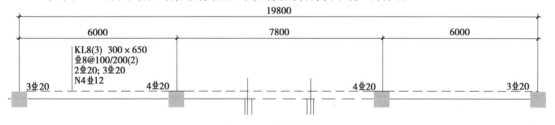

图 3.56　课后练习图

　　4.如图 3.56 所示,已知该工程四级抗震,框架梁和柱的混凝土强度等级均为 C30,请计算该梁的钢筋工程量。

4 板钢筋识图与算量

4.1 板钢筋识图

4.1.1 板的类型

依据22G101—1的规定,板的类型有5种,板类型及其三维示意图如表4.1所示。

表4.1 板类型及其三维示意图

板分类	板类型	代号	三维示意图	序号	跨数及是否带有悬挑
有梁楼盖	屋面板	WB		阿拉伯数字1,2,3,4……	—
	楼面板	LB			
	悬挑板	XB			
无梁楼盖	柱上板带	ZSB			(××)、(××A)或(××B)
	跨中板带	KZB			

注:①(××A)为一端有悬挑,(××B)为两端有悬挑,悬挑不计入跨数。

②跨数按柱网轴线计算(两相邻柱轴线之间为一跨)。

4.1.2 有梁楼盖的注写方式

有梁楼盖是指以梁(墙)为支座的楼面板与屋面板。有梁楼盖平法施工图,是在楼面板和屋面板布置图上采用平面注写的表达方式。

板的平面注写方式主要包括板块集中标注和板支座原位标注。平面注写方式是在板平面布置图上,分别在不同编号的板中各选一块板,在其上注写截面尺寸和配筋具体数值的方式来表达板平法施工图。

为方便设计表达和施工识图,规定结构平面的坐标方向为:

①当两向轴网正交布置时,图面从左至右为 x 向,从下至上为 y 向;当轴网转折时,局部坐标方向顺轴网转折角度做相应转折,转折后的坐标应加图示。

②当轴网向心布置时,切向为 x 向,径向为 y 向,并应加图示。

③对平面布置比较复杂的区域,如轴网转折交界区域、向心布置的核心区域等,其平面坐标方向应由设计者另行规定并在图上明确表示。

1)板块集中标注

板块集中标注的内容为板块编号、板厚、上部贯通纵筋、下部纵筋,以及当板面标高不同时的标高高差。板块集中标注示意图及解读如表4.2所示。

表4.2 板块集中标注示意图及解读

集中标注示意图	解读
	LB1:1 号楼面板 $h=120$:板厚为 120 mm B:X ϕ 10@ 100:板下部配置的纵筋 x 向为直径 10 mm 的 HPB300 钢筋,间距为 100 mm Y ϕ 10@ 150:板下部配置的纵筋 y 向为直径 10 mm 的 HPB300 钢筋,间距为 150 mm

(1)板块编号

板块编号由板类型、代号、序号几项组成,应符合表4.1的规定。

(2)板厚

①板厚注写为 $h=\times\times\times$(为垂直于板面的厚度);

②当悬挑板的端部改变截面厚度时,用斜线"/"分隔根部与端部的高度值,注写为 $h=\times\times\times/\times\times\times$,如图4.1所示。

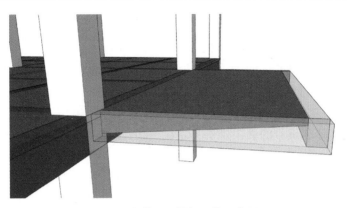

图4.1 变截面悬挑板三维示意图

（3）纵筋

纵筋按板块的下部纵筋和上部贯通纵筋分别注写（当板块上部不设贯通纵筋时则不注），并以 B 代表下部纵筋，以 T 代表上部贯通纵筋，B&T 代表下部与上部；x 向纵筋以 X 打头，y 向纵筋以 Y 打头，两向纵筋配置相同时则以 X&Y 打头。

单向板分布筋可不必标注，但需要在图中统一注明。

当在某些板内（如在悬挑板 XB 的下部）配置有构造钢筋时，则 x 向以 Xc 打头，y 向以 Yc 打头注写。

当 y 向采用放射配筋时（切向为 x 向，径向为 y 向），设计者应注明配筋间距的定位尺寸。

当纵筋采用两种规格钢筋"隔一布一"方式时，表达为 $xx/yy@ \times \times \times$，表示直径为 xx 的钢筋和直径为 yy 的钢筋间距相同，二者组合后的实际间距为×××，直径 xx 的钢筋的间距为×××的 2 倍，直径 yy 的钢筋的间距为×××的 2 倍。

（4）板面标高高差

板块集中标注中，板面标高高差指相对于结构层楼面标高的高差，应将其注写在括号内，且有高差则注，无高差不注，如图4.2所示。

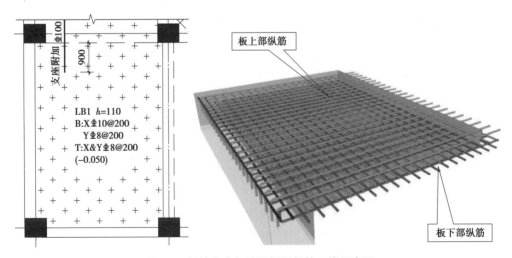

图4.2 板块集中标注及板通长筋三维示意图

【例】有一楼面板块注写为：

$$LB2 \quad h = 150$$
$$B:X \, \underline{\Phi} \, 10@150;Y \, \underline{\Phi} \, 12@120$$

表示 2 号楼面板，板厚 150 mm，板下部配置的纵筋 x 向为 $\underline{\Phi}$ 10@150，y 向为 $\underline{\Phi}$ 12@120；板上部未配置贯通纵筋。

【例】有一楼面板块注写为：

$$LB2 \quad h = 120$$
$$B:X \, \underline{\Phi} \, 10/12@100;Y \, \underline{\Phi} \, 10@120$$

表示 2 号楼面板，板厚 120 mm，板下部配置的纵筋 x 向为 $\underline{\Phi}$ 10、$\underline{\Phi}$ 12 隔一布一，$\underline{\Phi}$ 10 与 $\underline{\Phi}$ 12 之间间距为 100 mm；y 向为 $\underline{\Phi}$ 10@120；板上部未配置贯通纵筋。

【例】有一悬挑板注写为：

$$XB1 \quad h = 150/100$$
$$B:Xc\&Yc \, \underline{\Phi} \, 8@200$$

表示 1 号悬挑板，板根部厚 150 mm，端部厚 100 mm，板下部配置构造钢筋双向均为 $\underline{\Phi}$ 8@200（上部受力钢筋见板支座原位标注）。

2）板支座原位标注

板支座原位标注的主要内容为板支座上部非贯通纵筋和悬挑板上部受力钢筋，如图 4.3 所示。

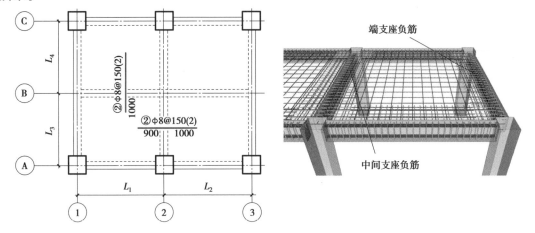

图 4.3 板支座原位标注及支座负筋三维示意图

板支座上部非贯通纵筋自支座边线向跨内的伸出长度，注写在线段的下方位置。

①当中间支座上部非贯通纵筋向支座两侧对称伸出时，可仅在支座一侧线段下方标注伸出长度，另一侧不标注。

如图 4.4 所示，非贯通纵筋为 $\underline{\Phi}$ 12@125，自支座边线向左右两侧跨伸出长度均为 1 800 mm。

②当向支座两侧非对称伸出时，应分别在支座两侧线段下方注写伸出长度。

如图 4.5 所示，非贯通纵筋为 $\underline{\Phi}$ 12@125，自支座边线向左跨伸出长度为 1 800 mm，向右跨伸出长度为 1 400 mm。

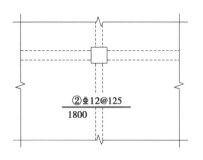 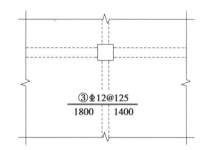

图 4.4　板支座上部非贯通纵筋对称伸出　　图 4.5　板支座上部非贯通纵筋非对称伸出

③对线段画至对边贯通全跨或贯通全悬挑长度的上部通长纵筋,贯通全跨或伸出至全悬挑一侧的长度值不注,只注明非贯通纵筋另一侧的伸出长度值。

如图 4.6 所示,左图的非贯通纵筋为 Φ 10@100,自支座边线向一侧伸出长度为 1 950 mm,另一侧为全跨长;右图为覆盖悬挑板的跨板受力筋,在悬挑板内为全贯通,另一侧伸出长度为 2 000 mm。

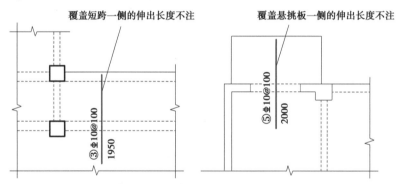

图 4.6　板支座非贯通纵筋贯通全跨或伸出至悬挑端

④当板支座为弧形,支座上部非贯通纵筋呈放射状分布时,应注明配筋间距的度量位置并加注"放射分布"四字,必要时应补绘平面配筋图。

如图 4.7 所示,非贯通纵筋为 Φ 12@150,沿距支座边线的切线间隔 150 mm 布置,支座一侧的伸入长度为 2 150 mm。

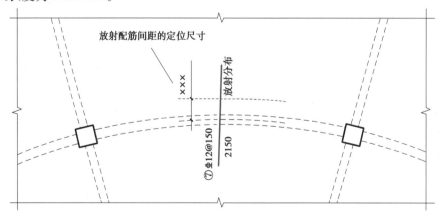

图 4.7　弧形支座处放射配筋

⑤悬挑板的注写方式如图4.8所示。

图（a）中标注表示：1号悬挑板，板厚120 mm，板下部配置构造钢筋，x向为$\phi 8@150$，y向为$\phi 8@200$，板上部配置x向纵筋为$\phi 8@150$。

图（b）中标注表示：2号悬挑板，板厚根部120 mm，端部为80 mm，板下部配置构造钢筋，x向为$\phi 8@150$，y向为$\phi 8@200$，板上部配置x向纵筋为$\phi 8@150$。

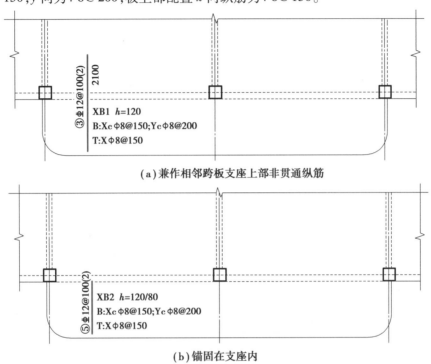

（a）兼作相邻跨板支座上部非贯通纵筋

（b）锚固在支座内

图4.8 悬挑板支座非贯通纵筋

当板的上部已配置有贯通纵筋，但需增配板支座上部非贯通纵筋时，应结合已配置的同向贯通纵筋的直径与间距采用"隔一布一"方式配置。"隔一布一"方式为非贯通纵筋的标注间距与贯通纵筋相同，两者组合后的实际间距为各自标注间距的1/2。

3）其他

当悬挑板需要考虑竖向地震作用时，设计应注明该悬挑板纵向钢筋抗震锚固长度按何种抗震等级。

4.1.3 无梁楼盖的注写方式

无梁楼盖平法施工图，是在楼面板和屋面板布置图上，采用平面注写的表达方式。板的平面注写包括板带集中标注和板带支座原位标注两部分内容。

1）板带集中标注

集中标注应在板带贯通纵筋配置相同跨的第一跨（x向为左端跨，y向为下端跨）注写。相同编号的板带可择其一做集中标注，其他仅注写板带编号。

板带集中标注的具体内容包括板带编号、板带厚、板带宽和贯通纵筋。

（1）板带编号

板带编号按表4.1的规定,跨数按柱网轴线计算,两相邻柱轴线之间为一跨;悬挑不计入跨数。

（2）板带厚及板带宽

板带厚注写为$h=×××$,板带宽注写为$b=×××$。当无梁楼盖整体厚度和板带宽度已在图中注明时,此项可不注。

（3）贯通纵筋

贯通纵筋按板带下部和板带上部分别注写,并以 B 代表下部,T 代表上部,B&T 代表下部和上部。当采用放射配筋时,应注明配筋间距的度量位置,必要时应补绘配筋平面图。

【例】有一板带注写为:

$$ZSB4(3B) \quad h=320 \quad b=3\ 400$$
$$B\ \Phi\ 16@\ 100;T\ \Phi\ 18@\ 150$$

表示4号柱上板带,有3跨且两端有悬挑;板带厚320 mm,板带宽3 400 mm;板带配置贯通纵筋,下部为Φ16@100,上部为Φ18@150。

（4）板面标高高差

当局部区域的板面标高与整体不同时,应在无梁楼盖的板平法施工图上注明板面标高高差及分布范围。

柱上板带集中标注示意如图4.9所示。

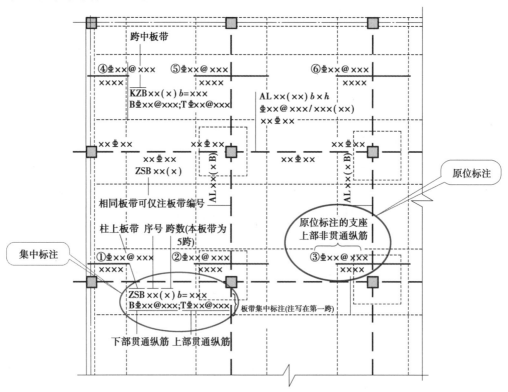

图4.9　柱上板带集中标注和原位标注图示

2) 板带支座原位标注

板带支座原位标注的具体内容为板带支座上部非贯通纵筋。

板带支座上部非贯通纵筋,以一段与板带同向的中粗实线段代表板带支座上部非贯通纵筋;对柱上板带,实线段贯穿柱上区域绘制;对跨中板带,实线段横贯柱网轴线绘制。在线段上注写钢筋编号(如①、②等)、配筋值及在线段下方注写自支座中线向两侧跨内的伸出长度。

当板带支座非贯通纵筋自支座中线向两侧对称伸出时,其伸出长度可仅在一侧标注;当配置在有悬挑端的边柱上时,该筋伸出到悬挑尽端,设计不注。当支座上部非贯通纵筋呈放射分布时,应注明配筋间距的定位位置。

不同部位的板带支座上部非贯通纵筋相同者,可仅在一个部位注写,其余则在代表非贯通纵筋的线段上注写编号。

板带支座原位标注示意如图4.9所示。

【例】设有平面布置图的某部位,在横跨板带支座绘制的对称线段上注有⑦Φ18@250,在线段一侧的下方注有1 500,表示支座上部⑦号非贯通纵筋为Φ18@250,自支座中线向两侧跨内的伸出长度均为1 500 mm。

当板带上部已经配有贯通纵筋,但需增加配置板带支座上部非贯通纵筋时,应结合已配同向贯通纵筋的直径与间距,采取"隔一布一"的方式布置。

【例】设有一板带上部已配置贯通纵筋Φ18@250,板带支座上部非贯通纵筋为⑤Φ20@250,则板带在该位置实际配置的上部纵筋为Φ18和Φ20间隔布置,二者之间的间距为125 mm(伸出长度略)。

3) 暗梁的表示方法

暗梁是隐藏在无梁楼盖板带中的梁。暗梁平面注写包括暗梁集中标注、暗梁支座原位标注两部分内容。

(1)暗梁集中标注

暗梁集中标注包括暗梁编号、暗梁截面尺寸(箍筋外皮宽度×板厚)、暗梁箍筋、暗梁上部通长筋或架立筋4部分内容。暗梁编号按表4.3规定,其他注写方式同梁的集中标注。

表4.3 暗梁编号

构件类型	代号	序号	跨数及有无悬挑
暗梁	AL	××	(××)、(××A)或(××B)

注:①跨数按柱网轴线计算(两相邻柱轴线之间为一跨)。
　②(××A)为一端有悬挑,(××B)为两端有悬挑,悬挑不计入跨数。

(2)暗梁支座原位标注

暗梁支座原位标注包括梁支座上部纵筋、梁下部纵筋。当暗梁上集中标注的内容不适用于某跨或某悬挑端时,则将其不同数值标注在该跨或该悬挑端,施工时按原位标注取值。其注写方式同梁原位标注。

当设置暗梁时,柱上板带及跨中板带标注方式与板带集中标注、板带支座原位标注一致。柱上板带标注的配筋仅设置在暗梁之外的柱上板带范围内。

暗梁中纵向钢筋连接、锚固及支座上部纵筋的伸出长度等要求同轴线处柱上板带中纵向钢筋。

暗梁集中标注和原位标注示意如图4.10所示。

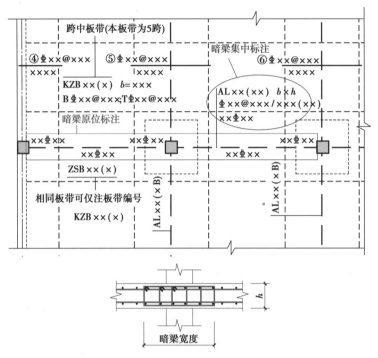

图4.10 暗梁集中标注及原位标注图示

4.1.4 板相关的其他构造

板相关的其他构造主要包括纵筋加强带、后浇带、柱帽、局部升降板、板加腋、板开洞、板翻边、角部加强筋、悬挑板阴角附加筋、悬挑板阳角放射筋等,其平法施工图设计均在平法施工图上采用直接引注的方式表达。

1)纵筋加强带 JQD 的引注

纵筋加强带的平面形状及定位由平面布置图表达,加强带内配置的加强贯通纵筋等由引注内容表达。

纵筋加强带设单向加强贯通纵筋,取代其所在位置板中原配置的同向贯通纵筋。根据受力需要,加强贯通纵筋可在板下部配置,也可在板下部和上部均设置。纵筋加强带的引注如图4.11所示。

当板下部和上部均设置加强贯通纵筋,而板带上部横向无配筋时,加强带上部横向配筋应由设计者注明。当将纵筋加强带设置为暗梁形式时应注写箍筋,其引注如图4.12所示。纵筋加强带设置的贯通纵筋,其在支座内的锚固做法同楼板通长钢筋。

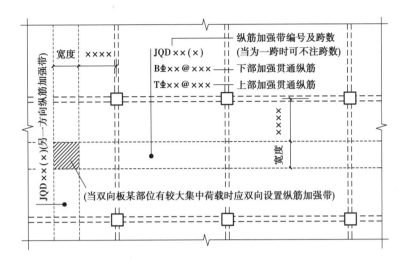

图 4.11　纵筋加强带 JQD 引注图示

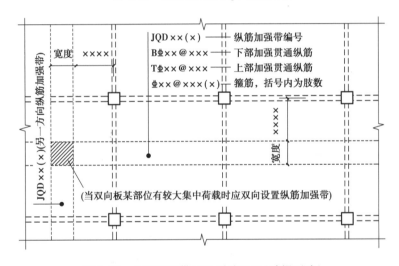

图 4.12　纵筋加强带 JQD 引注图示 (暗梁形式)

2) 局部升降板 SJB 的引注

局部升降板的平面形状及定位由平面布置图表达,其他内容由引注内容表达,如图 4.13 所示。

局部升降板的板厚、壁厚和配筋,在标准构造详图中取与所在板块的板厚和配筋相同,设计不用注明;当采用不同板厚、壁厚和配筋时,设计应补充绘制截面配筋图。局部升降板升高与降低的高度,在标准构造详图中限定为小于或等于 300 mm,当高度大于 300 mm 时,应补充绘制截面配筋图。局部升降板的下部和上部配筋均应设计为双向贯通纵筋。

3) 悬挑板阴角附加筋 Cis 的引注

悬挑板阴角附加筋是指在悬挑板的阴角部位斜放的附加钢筋,该附加钢筋设置在板上部悬挑受力钢筋的下面,自阴角位置向内分布,如图 4.14 所示。当设计未标注悬挑板阴角附加筋时,施工按图 4.15 构造做法执行。

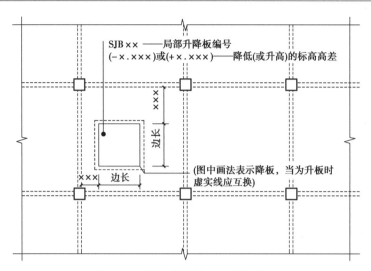

图 4.13　局部升降板 SJB 引注图示

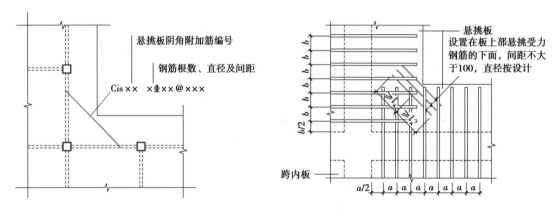

图 4.14　悬挑板阴角附加筋 Cis 引注图示

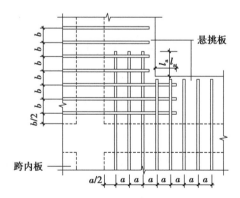

图 4.15　悬挑板阴角常用构造引注图示

4)悬挑板阳角放射筋 Ces 的引注

构造筋 Ces 的根数按图 4.16 的原则确定,其中 $a \leqslant 200$ mm。

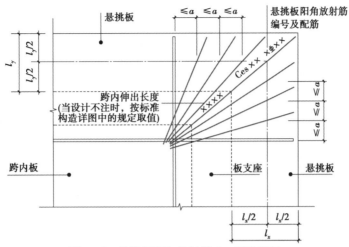

图 4.16 悬挑板阳角放射筋 Ces 引注图示

4.2 宿舍楼工程板钢筋识图

4.2.1 宿舍楼工程板部分结构说明

宿舍楼工程结构图纸中,与板钢筋计算有关的信息如图 4.17 所示。

钢筋所在部位	最小保护层厚度/mm
柱、梁	20
楼板、屋面板下部及设有防水层的屋面板上部、楼梯板	15

板说明:

1.本图采用平法标注,参见国家建筑标准设计图集 22G101—1。

2.材料:梁、板混凝土强度等级均为 C30;钢筋为 HRB400(**Φ**)。

3.图中梁的平面位置详同层模板及梁配筋图。

4.未注明板顶标高同楼层结构标高;板顶标高用相对于楼层结构标高的高差值表示。当高差值为正时,表示板顶高出楼层结构标高;当高差值为负时,表示板顶低于楼层结构标高。当高差较大时,会直接注明构件所在的相对标高,如板顶标高。

(6)板内分布钢筋,除注明者外见下表:

楼板厚度/mm	≤90	90~140	150~170	180~200	200~220	230~250
分布钢筋	Φ6@200	Φ6@200	Φ8@150	Φ10@250	Φ10@200	Φ12@200

(7)楼板阳角的附加钢筋,做法详见 22G101—1 中阳角附加钢筋的构造,图中 Ces 为放射筋。

(8)楼板上后砌隔墙的位置应严格遵守建筑施工图,不可随意砌筑。对墙下无梁的后砌隔墙,墙底加筋未加特别注者均应按建筑施工图所示位置在墙下板内设置 2Φ12 的纵向加强筋(沿墙通长,两端锚入支座 250 mm)。

图 4.17 图纸中关于板的结构说明

由图 4.17 可知,宿舍楼工程板的保护层厚度为 15 mm,板的混凝土强度等级为 C30,且全部采用 HRB400 钢筋,分布筋是固定负筋的钢筋,一般不在图上画出,只用文字表明间距和直径及规格。分布筋是垂直于负筋的一排排平行的钢筋,分布筋与负筋刚好形成钢筋网片。宿舍楼工程板的分布筋根据不同板厚分别取不同的值。

4.2.2　宿舍楼工程板构件集中标注和支座原位标注识图

1)板构件集中标注识图

图 4.18 所示为宿舍楼工程二层楼板 LB1 的集中标注。这是一个有梁楼盖的集中标注,通过集中标注图示可知:楼板编号为 LB1,厚度为 110 mm,该楼板上部配置贯通纵筋,双向均为 $\Phi 8@200$,下部 x 方向配置贯通纵筋 $\Phi 10@200$、y 方向配置贯通纵筋 $\Phi 8@200$,该板的标高比结构层标高低 0.05 m。

2)板支座原位标注识图

图 4.19 所示为宿舍楼工程二层楼板 LB4 的原位标注,由图可知,LB4 有 4 个方向的支座负筋,其中③号支座负筋为中间支座负筋,其余为端支座负筋。③号支座负筋表示采用 $\Phi 10@130$ 的钢筋,左右两边伸入板内的长度均为 1 050 mm(不含支座宽);①号和②号支座负筋表示采用 $\Phi 8@200$ 的钢筋,伸入板内的长度为 1 050 mm(不含支座宽)。

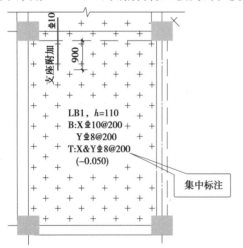

图 4.18　宿舍楼工程二层楼板 LB1 的集中标注

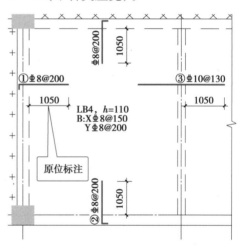

图 4.19　宿舍楼工程二层楼板 LB4 的原位标注

图 4.20 所示为宿舍楼工程三至五层 LB6 一侧的悬挑板,由图可知,该悬挑板上部采用的是 $\Phi 10@100$ 兼作相邻跨板支座上部非贯通纵筋,即悬挑板中上部为贯通筋,且穿过支座伸入 LB6 的长度为 1 100 mm。再通过悬挑板的剖面图 4.21 可知,悬挑板中与支座非贯通纵筋垂直的分布筋采用的是 $\Phi 8@200$。从剖面图中还可以看出,悬挑板做了一个 230 mm 高的翻边,其配筋为 LB6 中的 y 向底筋贯穿至悬挑板翻边外延(扣除一个保护层厚度)再向上弯折。

由图 4.22 可知,在悬挑板的转角阳角处设有 7 根 $\Phi 12$ 的 Ces 放射筋,此放射筋伸入有梁板内的长度根据标注为 1 400 mm,另一侧伸至悬挑板边缘再向下弯折。

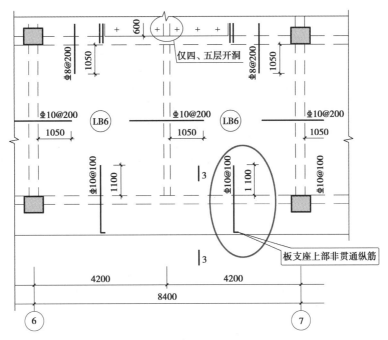

图 4.20 宿舍楼工程三至五层局部悬挑板的原位标注

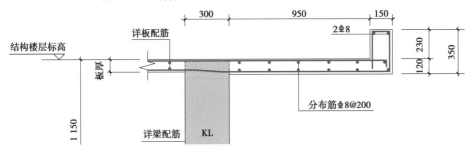

图 4.21 宿舍楼三至五层局部悬挑板的配筋剖面图

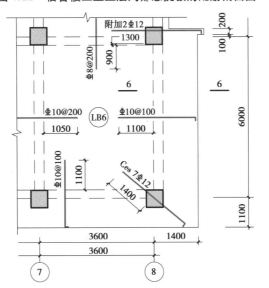

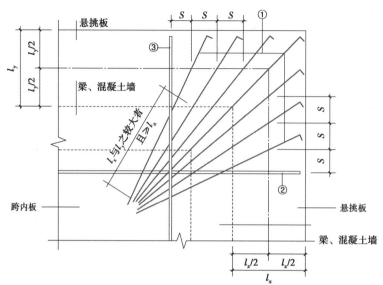

图 4.22 宿舍楼工程三至五层局部悬挑板放射筋的配筋图

4.3 宿舍楼工程板钢筋算量

4.3.1 板需要计算的钢筋

板需要计算的钢筋按照所在位置及功能不同,可以分为受力钢筋和附加钢筋两大部分,见表4.4。板钢筋构造及其三维示意图如图4.23所示。

板内受力钢筋类型讲解

表 4.4 板需要计算的钢筋

钢筋类型	钢筋名称	钢筋类型	钢筋名称
受力钢筋	板底钢筋	附加钢筋	温度钢筋
	板面钢筋		角部加强筋
	支座负筋		洞口附加筋

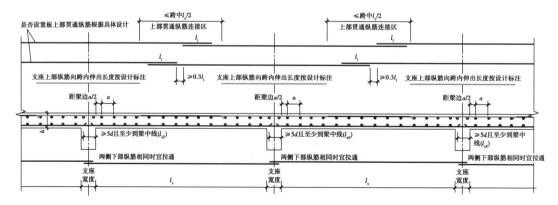

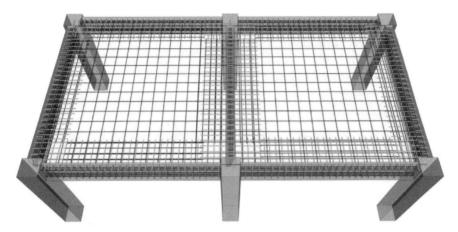

注:括号内的锚固长度 l_{aE} 用于梁板式转换层的板。

图4.23　有梁楼盖楼(屋)面板 LB 钢筋构造及有梁楼盖楼面板三维示意图

4.3.2　板钢筋的计算公式

板下部纵筋长度计算

1)板下部纵筋长度及根数计算

(1)板下部纵筋长度计算

板下部纵筋长度计算示意图如图4.24所示。

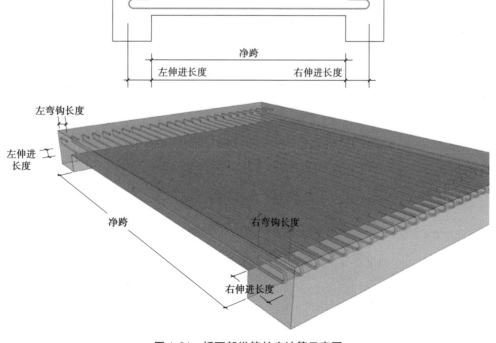

图4.24　板下部纵筋长度计算示意图

板下部纵筋长度＝左伸进长度+净跨+右伸进长度+弯钩增加值

当下部纵筋伸入端部支座为剪力墙、梁时,伸进长度＝max(5d,支座宽/2)。其中,只有 HPB300 端头处需要做180°弯钩。

①当为普通楼屋面板时(图4.25):

$$伸进长度＝锚固长度＝max(5d,1/2 梁宽)$$

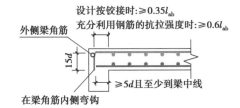

普通楼屋面板锚固长度

图4.25 普通楼屋面板下部纵筋锚固构造及其三维示意图

②当为梁板式转换层楼面板时(图4.26):

$$伸进长度＝直段+15d-90°弯折调整值$$

其中,直段$\geq 0.6l_{abE}$。

转换层下部纵筋锚固长度

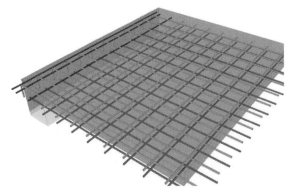

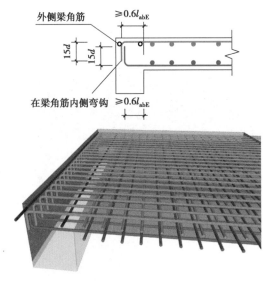

图4.26 梁板式转换层楼面板下部纵筋锚固构造及其三维示意图

（2）板下部纵筋根数计算

板下部纵筋根数计算示意图如图 4.27 所示。

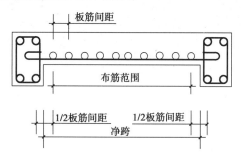

图 4.27　板下部纵筋根数计算示意图

板下部纵筋根数＝［支座间净距（净跨）－板筋间距］/间距＋1

其中，第一根钢筋距梁边为 1/2 板筋间距（即起步距离）。

2）板上部贯通纵筋长度及根数计算

（1）板上部贯通纵筋长度计算

板上部贯通纵筋长度＝净跨＋左支座锚固长度＋右支座锚固长度

其中，左、右支座锚固长度＝支座宽－支座保护层厚度－外侧梁角筋＋15d－弯折调整值。

当平直段长度分别为 ≥l_a 或 ≥l_{aE} 时可不弯折。

主要有以下两种情况（图 4.25 和图 4.26）：

①当为普通楼屋面板时：

锚固长度＝梁宽－保护层厚度－梁角筋直径＋15d－弯折调整值

②当为梁板式转换层楼面板时：

锚固长度＝墙（梁）厚－保护层厚度－墙（梁）外侧竖向筋直径＋15d－弯折调整值

梁板式转换层的板中 l_{aE}、l_{abE} 按抗震等级四级取值，设计也可根据实际工程情况另行指定。

（2）板上部贯通纵筋根数计算

板上部贯通纵筋根数＝（净跨－板筋间距）/板筋间距＋1

其中，第一根钢筋距梁边为 1/2 板筋间距（即起步距离）。

3）板支座负筋长度及根数计算

（1）板端支座负筋长度及根数计算

板端支座负筋示意图如图 4.28 所示。

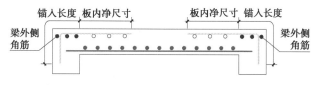

板内端支座负筋
长度计算

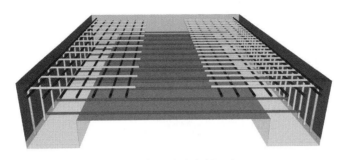

图 4.28 板端支座负筋示意图

板端支座负筋长度=(伸入板内净尺寸+支座宽−支座保护层厚度−梁外侧角筋+15d)−90°弯折调整值

端支座负筋根数=(支座间净距−板筋间距)/间距+1

其中,第一根钢筋距梁边为 1/2 板筋间距(即起步距离)。

(2)板中间支座负筋长度及根数计算

板中间支座负筋示意图如图 4.29 所示。

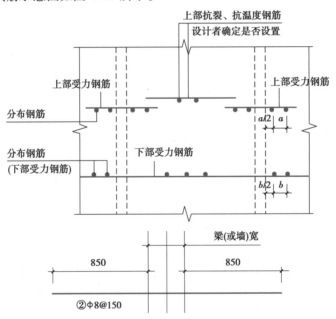

图 4.29 中间支座负筋示意图

板中间支座负筋长度=水平长度=向左伸入跨中长度+支座宽+向右伸入跨中长度

板中间支座负筋根数=(支座间净距−板筋间距)/板筋间距+1

其中,第一根钢筋距梁边为 1/2 板筋间距(即起步距离)。

4)板分布筋长度及根数计算

(1)板端支座负筋分布筋长度及根数计算

板端支座负筋分布筋长度及根数计算示意如图 4.30 所示。

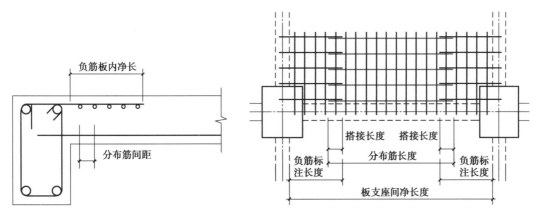

图 4.30 板端支座负筋分布筋长度及根数计算示意图

端支座负筋分布筋长度=板支座间净长度-负筋标注长度×2+搭接长度×2

其中,负筋标注长度为该支座垂直方向的负筋标注长度;分布筋及与受力主筋、构造钢筋的搭接长度为 150 mm;当分布筋兼作抗温度钢筋时,其与受力主筋、构造钢筋的搭接长度为 l_l。

端支座负筋分布筋根数=(负筋板内净长-1/2 分布筋间距)/分布筋间距+1

其中,第一根钢筋距支座边为 1/2 板筋间距(即起步距离)。

（2）板中间支座负筋分布筋长度及根数计算

中间支座负筋分布筋长度=板支座间净长度-负筋标注长度×2+搭接长度×2

其中,分布筋和支座负筋搭接长度为 150 mm ,需要注意的是由于中间支座负筋沿着支座两侧都有,汇总钢筋总长度时要考虑两边的总量。

中间支座负筋分布筋根数计算示意图如图 4.31 所示。

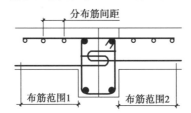

图 4.31 中间支座负筋分布筋根数计算示意图

分布筋根数=布筋范围 1 内分布筋根数+布筋范围 2 内分布筋根数

布筋范围 1 内分布筋根数=(布筋范围 1-1/2 分布筋间距)/分布筋间距+1

布筋范围 2 内分布筋根数=(布筋范围 2-1/2 分布筋间距)/分布筋间距+1

其中,第一根钢筋距支座边为 1/2 板筋间距(即起步距离),钢筋根数需向上取整。

5)板温度筋长度及根数计算

板温度筋是在收缩应力较大的现浇板区域内,防止构件由于温差较大时开裂而设置的钢筋。温度筋构造示意如图 4.32 所示。

温度筋长度=板净跨-左侧支座负筋板内净长度-右侧支座负筋板内净长度+搭接长度×2

温度筋根数=(板垂直向净跨长度-左侧支座负筋板内净长度-右侧支座负筋板内净长度)/温度筋间距-1

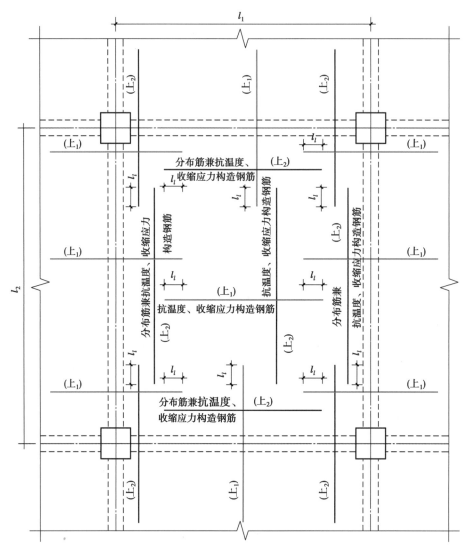

图 4.32 温度筋构造示意图

4.3.3 宿舍楼工程板的钢筋算量实例

1) LB4 的部分钢筋量计算

宿舍楼工程二层楼板 LB4 如图 4.33 所示,计算该板的钢筋工程量。

由图可知,LB4 需要计算的钢筋种类有板下部纵筋、端支座负筋及其分布筋、中间支座负筋及其分布筋。根据集中标注信息可知,板下部纵筋中 x 向的钢筋信息为 $\Phi 8@150$,y 向的钢筋信息为 $\Phi 8@200$。根据原位标注信息可知,沿着板 LB4 的四周分别布置了①号、②号、③号、④号支座负筋,具体计算过程如表 4.5 所示。

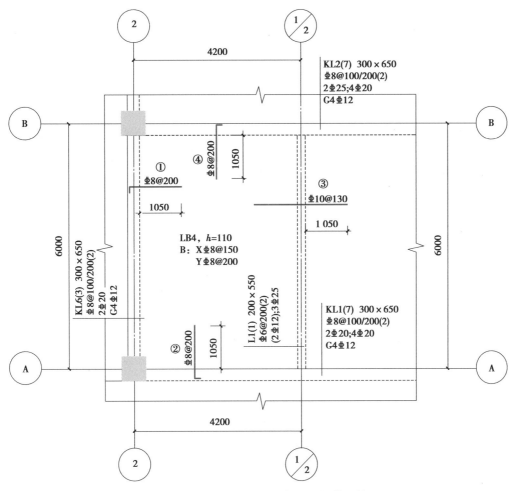

图 4.33 宿舍楼工程二层楼板 LB4 钢筋配筋图

表 4.5 宿舍楼工程二层楼板 LB4 钢筋工程量计算表

部位	计算
x 向下部纵筋长度(Φ8)	x 向下部纵筋单根长度=x 向板净跨+左端锚固长度+右端锚固长度=(4 200-150-100)+max(300/2,5×8)+max(200/2,5×8)=3 950+150+100=4 200(mm) x 向下部纵筋根数=(y 向支座间净距-x 向板下部纵筋间距)/x 向下部纵筋间距+1=(5 700-150)/150+1=38(根)
y 向下部纵筋长度(Φ8)	y 向下部纵筋单根长度=y 向板净跨+下端锚固长度+上端锚固长度=(6 000-300)+max(300/2,5×8)+max(300/2,5×8)=5 700+150+150=6 000(mm) y 向下部纵筋根数=(x 向支座间净距-y 向板下部纵筋间距)/y 向板下部纵筋间距+1=(3 950-200)/200+1=20(根)
Ⓐ轴上端支座负筋长度(Φ8)	Ⓐ轴上端支座负筋单根长度=板内净长度+伸入端支座内长度-弯折调整值=1 050+[(300-20-20)+15×8]-2.08×8=1 050+380-16.64=1 413.36(mm) Ⓐ轴上端支座负筋的根数=(支座间净距-板筋间距)/间距+1=(4 200-150-100-200)/200+1=20(根)

续表

部位	计算
Ⓐ轴上端支座负筋分布筋长度(⏀6)	Ⓐ轴上端支座负筋分布筋的单根长度=两端支座负筋净距+150×2=4 200-150-100-1 050-1 050+150×2=2 150(mm) Ⓐ轴上端支座负筋分布筋的根数=(负筋板内净长-1/2分布筋间距)/分布筋间距+1=(1 050-0.5×200)/200+1=6(根)
⑫轴上中间支座负筋长度(⏀10)	⑫轴上中间支座负筋单根长度=左端板内净长度+右端板内净长度+中间支座宽度=1 050+1 050+200=2 300(mm) ⑫轴上中间支座负筋根数=(支座间净距-负筋板筋间距)/负筋间距+1=[(6 000-300)-130]/130+1=44(根)
⑫轴上中间支座负筋分布筋长度(⏀6)	⑫轴上中间支座负筋分布筋的单根长度=两端支座负筋净距+150×2=6 000-300-1 050-1 050+150×2=3 900(mm) ⑫轴上中间支座负筋分布筋的根数=(中间支座负筋左端板内净长-1/2负筋分布筋间距)/分布筋间距+1+(中间支座负筋右端板内净长-1/2负筋分布筋间距)/分布筋间距+1=(1 050-0.5×200)/200+1+(1 050-0.5×200)/200+1=12(根)
汇总	⏀6	长度:2.15×6+3.9×12=59.7(m)
		质量:0.222×59.7=13.25(kg)
	⏀8	长度:4.2×38+6×20+1.41×20=307.8(m)
		质量:0.395×307.8=121.58(kg)
	⏀10	长度:2.3×44=101.2(m)
		质量:0.617×101.2=62.44(kg)

2)悬挑板的部分钢筋量计算

宿舍楼工程三至五层楼板沿着外墙一圈设有悬挑板,以⑥~⑦轴为例(见图4.20),计算LB6伸出来的悬挑板的钢筋工程量。

结合3—3剖面图(见图4.21)可知,该悬挑板中的钢筋包括面筋和底筋两部分,其中面筋为板支座上部非贯通纵筋,底筋为LB6中的底筋穿过KL伸至悬挑板翻边处。⑥~⑦轴悬挑板钢筋工程量计算如表4.6所示。

表4.6 ⑥~⑦轴悬挑板的钢筋工程量计算表

部位	计算
⑥~⑦轴 y 向支座上部非贯通纵筋长度(⏀10)	⑥~⑦轴 y 向支座上部非贯通纵筋的单根长度=板内长度+支座宽+伸入LB6中的长度+弯折长度=(1 100-15)+300+1 100+(120-15×2)=2 575(mm) ⑥~⑦轴跨板受力筋的根数=(⑥~⑦轴支座间净距-板筋间距)/板筋间距+1=(8 400-100-200-100-100)/100+1=80(根)

续表

部位	计算
⑥~⑦轴 y 向支座上部非贯通纵筋分布筋的长度(Φ 8)	⑥~⑦轴 y 向支座上部非贯通纵筋分布筋的单根长度＝跨内全长＝8 400(mm) y 向跨板受力筋分布筋的根数＝(y 向跨板受力筋在板内的长度－分布筋间距)/分布筋间距＋1＝(1 100－15－200)/200＋1＝6(根)
⑥~⑦轴悬挑板中的底筋长度(Φ 8)	⑥~⑦轴悬挑板中底筋的单根长度＝悬挑板内水平长度＋悬挑板翻边的弯折长度＝(1 100－15)＋(350－15×2)＋(150－15×2)＋(350－15×2)＝1 845(mm) ⑥~⑦轴悬挑板中底筋的根数＝(净跨长－底筋板筋间距)/板筋间距＋1＝(8 400－100－200－100－200)/200＋1＝40(根)
⑥~⑦轴悬挑板翻边的上部钢筋长度(Φ 8)	⑥~⑦轴悬挑板翻边的上部钢筋长度＝净跨长＝8 400(mm) ⑥~⑦轴悬挑板翻边的上部钢筋根数(由图可见)＝2(根)
汇总	Φ 10	长度:2 575×80＝206 000(mm)＝206(m) 质量:0.617×206＝127.10(kg)
	Φ 8	长度:8 400×6＋1 845×40＋8 400×2＝141 000(mm)＝141(m) 质量:0.395×141＝55.70(kg)

本章小结

　　本章解读了有梁楼盖和无梁楼盖平法施工图的注写方式;构建了板和板内钢筋的三维模型,展示了板内钢筋的构造;识读了宿舍楼工程板钢筋图;列出了板下部纵筋、上部贯通纵筋、支座负筋、分布筋、温度筋等钢筋工程量的计算公式,并将计算公式应用于宿舍楼工程板钢筋工程量计算,对宿舍楼工程二层楼板中的 LB4 进行了实算。

课后练习

1.单选题。

(1)22G101—1 图集中注明有梁楼盖楼面板和屋面板第一根纵筋的起步间距是(　　)。

A.50 mm　　　　　　　　　　　　B.板的保护层

C.板筋间距的 1/2　　　　　　　　D.15d

(2)板块编号中 XB 表示(　　)。

A.现浇板　　　　B.悬挑板　　　　C.延伸悬挑板　　　　D.屋面现浇板

(3)梁板式转换层的楼面板,板下部纵筋伸进支座内长度为(　　)。

A.max(支座宽/2,5d)

B.墙厚－保护层厚度－墙外侧竖向分布筋直径

C. 墙厚/2

D. $0.6l_{abE}+15d$

(4)22G101—1 中注明有梁楼盖板和屋面板下部纵筋伸入支座的长度为( )。

A. max(支座宽/2,5d)　　　　　　　　　B. 支座宽/2+5d

C. 支座宽-保护层厚度　　　　　　　　　D. 5d

(5)下列不属于板内钢筋的是( )。

A. 架立筋　　　　　B. 负筋　　　　　　C. 温度筋　　　　　　D. 负筋分布筋

2. 请说明有梁楼盖平法中有关结构平面的坐标方向规定。

3. 计算宿舍楼工程三至五层中阳角放射筋(图 4.22)的总长度。

5   剪力墙钢筋识图与算量

5.1   剪力墙钢筋识图

剪力墙类型

5.1.1   剪力墙类型

依据 22G101—1 图集,将剪力墙分为剪力墙柱、剪力墙身、剪力墙梁三类构件。

①剪力墙柱代号及三维示意图如表 5.1 所示。

表 5.1   剪力墙柱代号及三维示意图

墙柱类型	代号	三维示意图	序号
约束边缘构件	YBZ	图 5.1	阿拉伯数字 1,2,3,4……
构造边缘构件	GBZ	图 5.2	
非边缘暗柱	AZ	图 5.3	
扶壁柱	FBZ		

注:约束边缘构件包括约束边缘暗柱、约束边缘端柱、约束边缘翼墙、约束边缘转角墙 4 种;构造边缘构件包括构造边缘暗柱、构造边缘端柱、构造边缘翼墙、构造边缘转角墙 4 种。

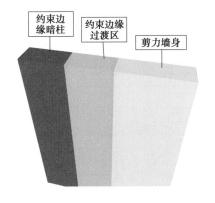

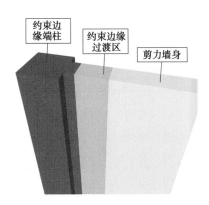

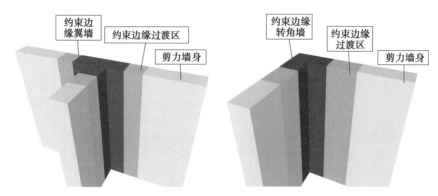

图 5.1 约束边缘构件三维示意图

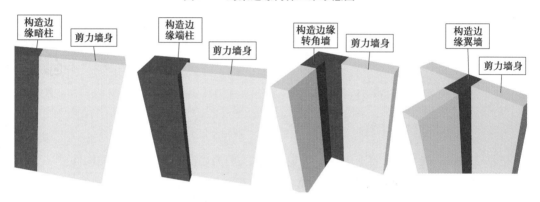

图 5.2 构造边缘构件三维示意图

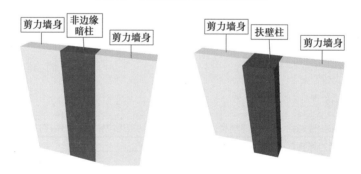

图 5.3 非边缘暗柱、扶壁柱三维示意图

②剪力墙身代号及三维示意图如表 5.2 所示。

表 5.2 剪力墙身代号及三维示意图

代号	三维示意图	序号	分布筋排数
Q	图 5.1 至图 5.3 中剪力墙身	阿拉伯数字 1,2,3,4……	(××排)

剪力墙身编号由墙身代号(Q)、序号以及墙身所配置的水平与竖向分布钢筋的排数组成,其中排数注写在括号内,表达形式为:Q××(××排)。

在编号中,如若干墙柱的截面尺寸与配筋均相同,仅截面与轴线的关系不同时,可将其编为同一墙柱号;又如若干墙身的厚度尺寸和配筋均相同,仅墙厚与轴线的关系不同或墙身长度不同时,也可将其编为同一墙身号,但应在图中注明与轴线的几何关系。

当墙身所设置的水平与竖向分布钢筋的排数为2时可不注。

对于分布钢筋网的排数规定:当剪力墙厚度不大于 400 mm 时,应配置双排;当剪力墙厚度大于 400 mm,但不大于 700 mm 时,宜配置 3 排;当剪力墙厚度大于 700 mm 时,宜配置4排。

当剪力墙配置的分布钢筋多于两排时,剪力墙拉结筋除两端应同时勾住外排水平纵筋和竖向纵筋外,尚应与剪力墙内排水平纵筋和竖向纵筋绑扎在一起。

③剪力墙梁代号及三维示意图如表5.3所示。

表 5.3　剪力墙梁代号及三维示意图

墙梁类型	代号	三维示意图	序号
连梁	LL		
连梁(跨高比不小于5)	LLk		
连梁(对角暗撑配筋)	LL(JC)		阿拉伯数字 1,2, 3,4……
连梁(对角斜筋配筋)	LL(JX)		
连梁(集中对角斜筋配筋)	LL(DX)		
暗梁	AL		
边框梁	BKL		

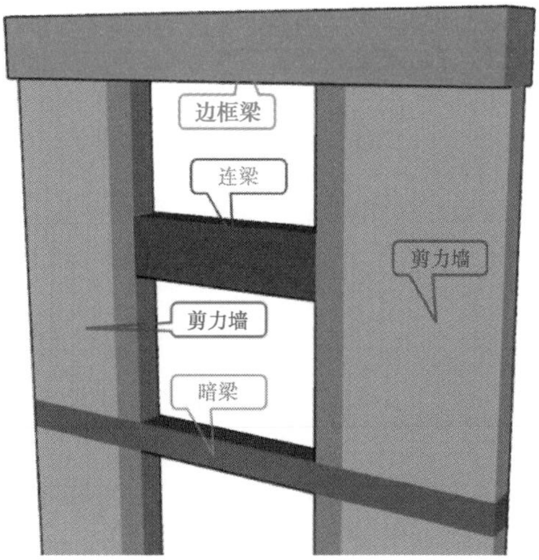

注:在具体工程中,当某些墙身需设置暗梁或边框梁时,宜在剪力墙平法施工图中绘制暗梁或边框梁的平面布置图并编号,以明确其具体位置。

5.1.2　剪力墙注写方式

剪力墙平法施工图是在剪力墙平面布置图上采用列表注写方式或截面注写方式表达。在剪力墙平法施工图中,应注明各结构层的楼面标高、结构层高及相应的结构层号,尚应注明上部结构嵌固部位位置。

1)列表注写方式

列表注写方式,是分别在剪力墙柱表、剪力墙身表和剪力墙梁表中,对应剪力墙平面布置图上的编号,用绘制截面配筋图并注写几何尺寸与配筋具体数值的方式来表达剪力墙平法施工图。

（1）剪力墙柱

①注写墙柱编号（见表5.1），绘制该墙柱的截面配筋图，标注墙柱几何尺寸。

a.约束边缘构件（图5.4），需注明阴影部分尺寸。

b.构造边缘构件（图5.5），需注明阴影部分尺寸。

c.扶壁柱及非边缘暗柱需标注几何尺寸。

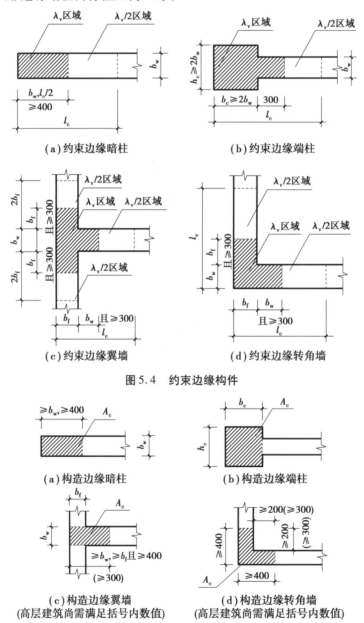

（a）约束边缘暗柱 　　（b）约束边缘端柱

（c）约束边缘翼墙 　　（d）约束边缘转角墙

图5.4　约束边缘构件

（a）构造边缘暗柱 　　（b）构造边缘端柱

（c）构造边缘翼墙 　　（d）构造边缘转角墙
（高层建筑尚需满足括号内数值） （高层建筑尚需满足括号内数值）

图5.5　构造边缘构件

②注写各段墙柱的起止标高,自墙柱根部往上以变截面位置或截面未变但配筋改变处为界分段注写。墙柱根部标高一般指基础顶面标高(部分框支剪力墙结构则为框支梁顶面标高)。

③注写各段墙柱的纵向钢筋和箍筋,注写值应与在表中绘制的截面配筋图对应一致。纵向钢筋注总配筋值;墙柱箍筋的注写方式与柱箍筋相同。

剪力墙柱列表注写示例详见图5.7。

(2)剪力墙身

①注写墙身编号(含水平与竖向分布钢筋的排数)。

②注写各段墙身起止标高,自墙身根部往上以变截面位置或截面未变但配筋改变处为界分段注写。墙身根部标高一般指基础顶面标高(部分框支剪力墙结构则为框支梁的顶面标高)。

③注写水平分布钢筋、竖向分布钢筋和拉结筋的具体数值。注写数值为一排水平分布钢筋和竖向分布钢筋的规格与间距,具体设置几排已经在墙身编号后面表达。当内、外排竖向分布钢筋配筋不一致时,应单独注写内、外排钢筋的具体数值。

④拉结筋应注明布置方式"矩形"或"梅花"布置,用于剪力墙分布钢筋的拉结,如图5.6所示(图中 a 为竖向分布钢筋间距,b 为水平分布钢筋间距)。

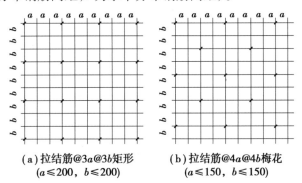

(a)拉结筋@3a@3b矩形　　(b)拉结筋@4a@4b梅花
($a \leqslant 200$, $b \leqslant 200$)　　　($a \leqslant 150$, $b \leqslant 150$)

图5.6　拉结筋设置示意图

剪力墙身表示例如表5.4所示。

表5.4　剪力墙身表

编号	标高	墙厚/mm	水平分布筋	竖向分布筋	拉结筋(矩形)
Q1	−0.030～30.270	300	Φ 12@ 200	Φ 12@ 200	ϕ 6@ 600@ 600
	30.270～59.070	250	Φ 10@ 200	Φ 10@ 200	ϕ 6@ 600@ 600

(3)剪力墙梁

①注写墙梁编号,表达形式应符合表5.3的规定。

②注写墙梁所在楼层号。

③注写墙梁顶面标高高差,是指相对于墙梁所在结构层楼面标高的高差值。高于者为正值,低于者为负值,当无高差时不注。

④注写墙梁截面尺寸 $b \times h$，上部纵筋、下部纵筋和箍筋的具体数值。

⑤当连梁设有对角暗撑时[代号为 LL(JC)××]，注写暗撑的截面尺寸(箍筋外皮尺寸)；注写一根暗撑的全部纵筋，并标注"×2"表明有两根暗撑相互交叉；注写暗撑箍筋的具体数值。

⑥当连梁设有对角斜筋时[代号为 LL(JX)××]，注写连梁一侧对角斜筋的配筋值，并标注"×2"表明对称设置；注写对角斜筋在连梁端部设置的拉结筋根数、强度等级及直径，并标注"×4"表示 4 个角都设置：注写连梁一侧折线筋配筋值，并标注"×2"表明对称设置。

⑦当连梁设有集中对角斜筋时[代号为 LL(DX)××]，注写一条对角线上的对角斜筋，并标注"×2"表明对称设置。

⑧跨高比不小于 5 的连梁，按框架梁设计时(代号为 LLk××)，采用平面注写方式，注写规则同框架梁，可采用适当比例单独绘制，也可与剪力墙平法施工图合并绘制。

⑨当设置双连梁、多连梁时，应分别表达在剪力墙平法施工图上。墙梁侧面纵筋的配置，当墙身水平分布钢筋满足连梁和暗梁侧面纵向构造钢筋的要求时，该筋配置同墙身水平分布钢筋，表中不注，施工按标准构造详图的要求即可。当墙身水平分布钢筋不满足连梁侧面纵向构造钢筋的要求时，应在表中补充注明设置的梁侧面纵筋的具体数值，纵筋沿梁高方向均匀布置；当采用平面注写方式时，梁侧面纵筋以大写字母 N 打头。梁侧面纵向钢筋在支座内的锚固要求同连梁中受力钢筋。

剪力墙梁表示例如表 5.5 所示。

表 5.5　剪力墙梁表

编号	所在楼层号	梁顶相对标高高差	梁截面 $b \times h$	上部纵筋	下部纵筋	侧面纵筋	箍筋
	2 ~ 9	0.800	300×2000	4 ⏀ 25	4 ⏀ 25	18 ⏀ 12	⏀ 10@ 100(2)
LL1	10 ~ 16	0.800	250×2000	4 ⏀ 22	4 ⏀ 22	18 ⏀ 12	⏀ 10@ 100(2)
	屋面 1		250×1200	4 ⏀ 20	4 ⏀ 20	12 ⏀ 12	⏀ 10@ 100(2)

剪力墙列表注写示例详见图 5.7。

2)截面注写方式

截面注写方式，指在按标准层绘制的剪力墙平面布置图上，以直接在墙柱、墙身、墙梁上注写截面尺寸和配筋具体数值的方式来表达剪力墙平法施工图。选择适当比例原位放大绘制剪力墙平面布置图，其中对墙柱绘制配筋截面图；对所有墙柱、墙身、墙梁分别进行编号，并分别在相同编号的墙柱、墙身、墙梁中选择一根墙柱、一道墙身、一根墙梁进行注写。

①从相同编号的墙柱中选择一个截面，原位绘制墙柱截面配筋图，注明几何尺寸，并在各配筋图上继其编号后标注全部纵筋及箍筋的具体数值。

②从相同编号的墙身中选择一道墙身，按顺序引注的内容为:墙身编号(应包括注写在括号内墙身所配置的水平与竖向分布钢筋的排数)、墙厚尺寸，水平分布钢筋、竖向分布钢筋和拉结筋的具体数值。

剪力墙梁表

编号	所在楼层号	梁顶相对标高高差	梁截面 b×h	上部纵筋	下部纵筋	侧面纵筋	墙梁箍筋
LL1	2~9	0.800	300×2000	4Φ25	4Φ25	同墙体水平分布筋	Φ10@100(2)
	10-16	0.800	250×2000	4Φ22	4Φ22	水平	Φ10@100(2)
	屋面1		250×1200	4Φ20	4Φ20	分布筋	Φ10@100(2)
LL2	3	-1.200	300×2520	4Φ25	4Φ25	22Φ12	Φ10@150(2)
	4	-0.900	300×2070	4Φ25	4Φ25	18Φ12	Φ10@150(2)
	5~9	-0.900	300×1770	4Φ25	4Φ25	16Φ12	Φ10@150(2)
	10~屋面1	-0.900	250×1770	4Φ22	4Φ22	16Φ12	Φ10@100(2)
LL3	2		300×2070	4Φ25	4Φ25	18Φ12	Φ10@100(2)
	3		300×1770	4Φ25	4Φ25	16Φ12	Φ10@100(2)
	4-9		300×1170	4Φ25	4Φ25	10Φ12	Φ10@100(2)
	10~屋面1		250×1170	4Φ22	4Φ22	10Φ12	Φ10@125(2)
LL4	2		250×2070	4Φ20	4Φ20	18Φ12	Φ10@125(2)
	3		250×1770	4Φ20	4Φ20	16Φ12	Φ10@125(2)
	4~屋面1		250×1170	4Φ20	4Φ20	10Φ12	Φ10@125(2)
AL1	2~9		300×600	3Φ20	3Φ20	同墙体水平分布筋	Φ8@150(2)
	10-16		250×500	3Φ18	3Φ18	水平	Φ8@150(2)
BKL1	屋面1		500×750	4Φ22	4Φ22	4Φ16	Φ10@150(2)

注：当剪力墙墙厚度发生变化时，连梁LL宽度随墙厚变化。

剪力墙身表

编号	标高	墙厚	水平分布筋	垂直分布筋	拉结筋(矩形)
Q1	-0.030~30.270	300	Φ12@200	Φ12@200	Φ6@600@600
	30.270~59.070	250	Φ10@200	Φ10@200	Φ6@600@600
Q2	-0.030~30.270	250	Φ10@200	Φ10@200	Φ6@600@600
	30.270~59.070	200	Φ10@200	Φ10@200	Φ6@600@600

−0.030~12.270剪力墙平法施工图(局部)

层号	标高/m	层高/m
屋面2	65.670	
塔层2	62.370	3.30
屋面1(塔层1)	59.070	3.30
16	55.470	3.60
15	51.870	3.60
14	48.270	3.60
13	44.670	3.60
12	41.070	3.60
11	37.470	3.60
10	33.870	3.60
9	30.270	3.60
8	26.670	3.60
7	23.070	3.60
6	19.470	3.60
5	15.870	3.60
4	12.270	3.60
3	8.670	4.20
2	4.470	4.50
1	-0.030	4.50
-1	-4.530	4.50
-2	-9.030	

结构层楼面标高
结构层高
注：上部结构嵌固部位：-0.030 m

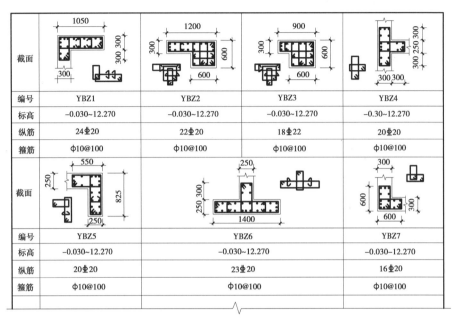

截面				
编号	YBZ1	YBZ2	YBZ3	YBZ4
标高	−0.030~12.270	−0.030~12.270	−0.030~12.270	−0.30~12.270
纵筋	24Φ20	22Φ20	18Φ22	20Φ20
箍筋	Φ10@100	Φ10@100	Φ10@100	Φ10@100
截面				
编号	YBZ5	YBZ6		YBZ7
标高	−0.030~12.270	−0.030~12.270		−0.030~12.270
纵筋	20Φ20	23Φ20		16Φ20
箍筋	Φ10@100	Φ10@100		Φ10@100

−0.030~12.270剪力墙平法施工图（部分剪力墙柱表）

图5.7　剪力墙平法施工图列表注写方式

③从相同编号的墙梁中选择一根墙梁,采用平面注写方式,按顺序引注的内容为:

a.注写墙梁编号、墙梁所在层及截面尺寸 $b×h$、墙梁箍筋、上部纵筋、下部纵筋和墙梁顶面标高高差的具体数值。其中,墙梁顶面标高高差的注写规定同列表注写方式。

b.当连梁设有对角暗撑[代号为LL(JC)××]、对角斜筋[代号为LL(JX)××]、集中对角斜筋[代号为LL(DX)××]以及跨高比不小于5的连梁[代号为LLk××]时,注写规定参照剪力墙列表注写方式。

c.当墙身水平分布钢筋不能满足连梁侧面纵向构造钢筋的要求时,应补充注明梁侧面纵筋的具体数值。注写时,以大写字母N打头,接续注写梁侧面纵筋的总根数与直径。其在支座内的锚固要求同连梁中受力钢筋。

采用截面注写方式表达的剪力墙平法施工图示例如图5.8所示。

3)剪力墙洞口的表示方法

在对剪力墙洞口进行标注时,无论采用列表注写方式还是截面注写方式,剪力墙上的洞口均可在剪力墙平面布置图上原位表达。洞口的具体表示方法如下:

①在剪力墙平面布置图上绘制洞口示意,并标注洞口中心的平面定位尺寸。

②在洞口中心位置引注洞口编号、洞口几何尺寸、洞口所在层及洞口中心相对标高、洞口每边补强钢筋共4项内容。具体规定如下:

a.洞口编号:矩形洞口为JD××(××为序号),圆形洞口为YD××(××为序号)。

b.洞口几何尺寸:矩形洞口为洞宽×洞高($b×h$),圆形洞口为洞口直径 D。

c.洞口所在层及洞口中心相对标高:相对标高是指相对于本结构层楼(地)面标高的洞口中心高度,应为正值。

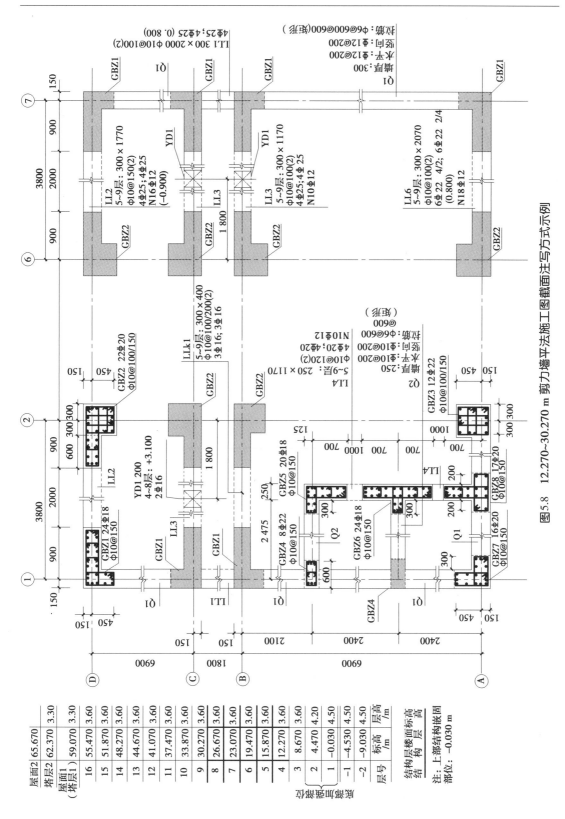

图5.8 12.270~30.270 m 剪力墙平法施工图截面注写方式示例

d. 洞口每边补强钢筋,分以下几种不同情况:

● 当矩形洞口的洞宽、洞高均不大于 800 mm 时,此项注写为洞口每边补强钢筋的具体数值。当洞宽、洞高方向补强钢筋不一致时,分别注写沿洞宽方向、沿洞高方向补强钢筋,以"/"分隔。

【例】JD2 400×300 2～5 层:+1.100 3 ⊈ 14,表示 2～5 层设置 2 号矩形洞口,洞宽 400 mm,洞高 300 mm,洞口中心距本结构层楼面 1 100 mm,洞口每边补强钢筋为 3 ⊈ 14。

【例】JD4 800×300 6 层:+3.100 3 ⊈ 18/3 ⊈ 14,表示 6 层设置 4 号矩形洞口,洞宽 800 mm,洞高 300 mm,洞口中心距 6 层楼面 3 100 mm,沿洞宽方向每边补强钢筋为 3 ⊈ 18,沿洞高方向每边补强钢筋为 3 ⊈ 14。

● 当矩形或圆形洞口的洞宽或直径大于 800 mm 时,在洞口的上、下需设置补强暗梁,此项注写为洞口上、下每边暗梁的纵筋与箍筋的具体数值(在标准构造详图中,补强暗梁梁高一律定为 400 mm,施工时按标准构造详图取值,设计不注。当设计者采用与该构造详图不同的做法时,应另行注明),圆形洞口时尚需注明环向加强钢筋的具体数值;当洞口上、下边为剪力墙连梁时,此项免注;洞口竖向两侧设置边缘构件时,亦不在此项表达。

【例】JD5 1000×900 3 层:+1.400 6 ⊈ 20 φ8@150(2),表示 3 层设置 5 号矩形洞口,洞宽 1 000 mm,洞高 900mm,洞口中心距 3 层楼面 1 400 mm;洞口上下设补强暗梁,暗梁纵筋为 6 ⊈ 20;上、下排对称布置,箍筋为 φ8@150,双肢箍。

【例】YD5 1000 2～6 层:+1.800 6 ⊈ 20 φ8@150(2) 2 ⊈ 16,表示 2～6 层设置 5 号圆形洞口,直径 1 000 mm,洞口中心距本结构层楼面 1 800 mm;洞口上下设补强暗梁,暗梁纵筋为 6 ⊈ 20,上、下排对称布置;箍筋为 φ8@150,双肢箍;环向加强钢筋为 2 ⊈ 16。

● 当圆形洞口设置在连梁中部 1/3 范围(且圆洞直径不应大于 1/3 梁高)时,需注写在圆洞上下水平设置的每边补强纵筋与箍筋。

● 当圆形洞口设置在墙身位置,且洞口直径不大于 300 mm 时,此项注写为洞口上下左右每边布置的补强纵筋的具体数值。

● 当圆形洞口直径大于 300 mm,但不大于 800 mm 时,此项注写为洞口上下左右每边布置的补强纵筋的具体数值,以及环向加强钢筋的具体数值。

【例】YD5 600 5 层:+1.800 2 ⊈ 20 2 ⊈ 16,表示 5 层设置 5 号圆形洞口,直径 600 mm,洞口中心距 5 层楼面 1 800 mm,洞口上下左右每边补强钢筋为 2 ⊈ 20,环向加强钢筋为 2 ⊈ 16。

4)地下室外墙的表示方法

本部分地下室外墙仅适用于起挡土作用的地下室外围护墙。地下室外墙中墙柱、连梁及洞口等的表示方法同地上剪力墙。

地下室外墙编号由墙身代号、序号组成,表达为 DWQ××。

地下室外墙平面注写方式,包括集中标注墙体编号、厚度、贯通筋、拉结筋等和原位标注附加非贯通筋等两部分内容。当仅设置贯通筋,未设置附加非贯通筋时,则仅做集中标注。

(1)地下室外墙的集中标注

①注写地下室外墙编号,包括代号、序号、墙身长度(注写为××～××轴)。

②注写地下室外墙厚度 b_w =×××。

③注写地下室外墙的外侧、内侧贯通筋和拉结筋。

a. 以 OS 代表外墙外侧贯通筋。其中,外侧水平贯通筋以大写字母 H 打头注写,外侧竖向贯通筋以 V 打头注写。

b. 以 IS 代表外墙内侧贯通筋。其中,内侧水平贯通筋以大写字母 H 打头注写,内侧竖向贯通筋以 V 打头注写。

c. 以 tb 打头注写拉结筋直径、钢筋种类及间距,并注明"矩形"或"梅花"。

【例】DWQ2(①~⑥),$b_w = 300$

OS:H Φ 18@200,V Φ 20@200

IS:H Φ 16@200,V Φ 18@200

tb ϕ6@400@400 矩形

表示 2 号外墙,长度范围为①~⑥轴,墙厚为 300 mm;外侧水平贯通筋为 Φ18@200,竖向贯通筋为 Φ20@200;内侧水平贯通筋为 Φ16@200,竖向贯通筋为 Φ18@200;拉结筋为 ϕ6,矩形布置,水平间距为 400 mm,竖向间距为 400 mm。

(2)地下室外墙的原位标注

地下室外墙的原位标注,主要表示在外墙外侧配置的水平非贯通筋或竖向非贯通筋。

当配置水平非贯通筋时,在地下室墙体平面图上原位标注。在地下室外墙外侧绘制粗实线段代表水平非贯通筋,在其上注写钢筋编号并以 H 打头注写钢筋种类、直径、分布间距,以及自支座中线向两边跨内的伸出长度值。当自支座中线向两侧对称伸出时,可仅在单侧标注跨内伸出长度,另一侧不注,此种情况下非贯通筋总长度为标注长度的 2 倍。边支座处非贯通筋的伸出长度值从支座外边缘算起。

地下室外墙外侧非贯通筋通常采用"隔一布一"方式与集中标注的贯通筋间隔布置,其标注间距应与贯通筋相同,两者组合后的实际分布间距为各自标注间距的 1/2。

当在地下室外墙外侧底部、顶部、中层楼板位置配置竖向非贯通筋时,应补充绘制地下室外墙竖向剖面图并在其上原位标注。表示方法为在地下室外墙竖向剖面图外侧绘制粗实线段代表竖向贯通筋,在其上注写钢筋编号并以 V 打头注写钢筋种类、直径、分布间距,以及向上(下)层的伸出长度值,并在外墙竖向剖面图名下注写分布范围(××~××轴)。地下室外墙外侧水平、竖向非贯通筋配置相同者,可仅选择一处注写,其他可仅注写编号。

5)剪力墙识图案例

以图 5.7 为例,完成 LL1、AL1、BKL1、Q1 及 YBZ1、YD1 的识图。

图 5.7 剪力墙平法施工图采用列表注写方式。

LL1:在 2~屋面 1 层均设置有 1 号连梁。2~9 层中,连梁截面尺寸为梁宽 300 mm(同墙厚 300 mm),梁高 2 000 mm;梁顶标高高于结构层楼面标高 0.8 m;连梁上、下部配筋均为 4 Φ 25,箍筋为 ϕ10@100(2);连梁侧面纵筋的配置同墙身水平分布筋(即 Φ 12@200,参见剪力墙身表)。

10~16 层中,连梁截面尺寸为梁宽 250 mm(同墙厚 250 mm),梁高 2 000 mm;梁顶标高高于结构层楼面标高 0.8 m;连梁上、下部配筋均为 4 Φ 22,箍筋为 ϕ10@100(2);连梁侧面纵筋的配置同墙身水平分布筋(即 Φ 10@200,参见剪力墙身表)。

屋面 1 层中,连梁截面尺寸为梁宽 250 mm(同墙厚 250 mm),梁高 1 200 mm;梁顶标高与结构层楼面标高相同;连梁上、下部配筋均为 4 Φ 20,箍筋为 ϕ10@100(2);连梁侧面纵筋的配置同墙身水平分布筋(即 Φ10@200,参见剪力墙身表)。

AL1:在 2~16 层均设置有 1 号暗梁,且梁顶与结构层楼面标高相同。2~9 层中,暗梁截面尺寸为梁宽 300 mm(同墙厚 300 mm),梁高 600 mm;上、下部配筋均为 3Φ20,箍筋为φ8@150(2);暗梁侧面纵筋的配置同墙身水平分布筋(即Φ12@200,参见剪力墙身表)。

10~16 层中,暗梁截面尺寸为梁宽 250 mm(同墙厚 250 mm),梁高 500 mm;上、下部配筋均为 3Φ18,箍筋为φ8@150(2);暗梁侧面纵筋的配置同墙身水平分布筋(即Φ10@200,参见剪力墙身表)。

BKL1:在屋面 1 层设置有 1 号边框梁,且梁顶与结构层屋面标高相同。边框梁宽为500 mm,梁高为 750 mm;上、下部配筋均为 4Φ22,箍筋为φ10@150(2);边框梁侧面纵筋为4Φ16。

Q1:墙身编号为 1 号。在-0.030~30.270 标高范围内,墙身厚度为 300 mm,水平和竖向分布筋均为Φ12@200;拉结筋采用矩形布置,采用φ6 钢筋,水平向和竖向间距均为 600 mm。在 30.270~59.070 标高范围内,墙身厚度为 250 mm,水平和竖向分布筋均为Φ10@200;拉结筋采用矩形布置,采用φ6 钢筋,水平向和竖向间距均为 600 mm。

YBZ1:1 号约束边缘构件,即 L 形约束边缘暗柱,在-0.030~12.270 标高范围内设置,纵向钢筋为 24Φ20,箍筋为φ10@100,各纵筋配置位置、箍筋构造形式及截面尺寸参见截面图。

YD1:1 号圆形洞口,直径为 200 mm,洞口中心距 1 层楼面 2.8 m,距 2~3 层楼面 3.1 m,洞口补强钢筋为 2Φ16。

5.2 剪力墙钢筋算量

5.2.1 剪力墙身的钢筋算量

剪力墙身钢筋包括水平分布钢筋、竖向分布钢筋、拉结筋和洞口加筋等。

1)墙身水平分布钢筋工程量计算

水平分布钢筋构造主要包括墙端部有暗柱、墙端部有端柱、墙端部有转角墙、墙端部有翼墙。

(1)墙身水平分布钢筋单根长度计算

①墙端部有暗柱时。墙端部有"一字形"和"L 形"暗柱的钢筋构造及其三维示意图如图5.9 和图 5.10 所示。

$$墙水平分布钢筋单根长度=墙长 L-2×墙保护层厚度+10d×2+搭接长度-$$
$$90°弯折调整值×2$$

当墙筋需要搭接时,搭接长度 $\geq 1.2l_{aE}$;剪力墙水平分布钢筋搭接如图 5.11 所示;HPB300 钢筋末端还应做 180°弯钩。

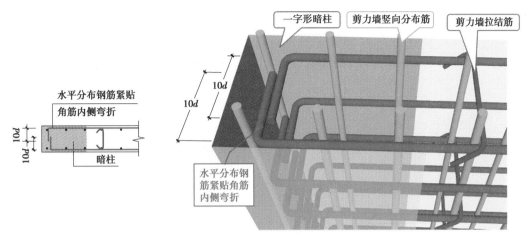

图 5.9 端部"一字形"暗柱钢筋构造及其三维示意图

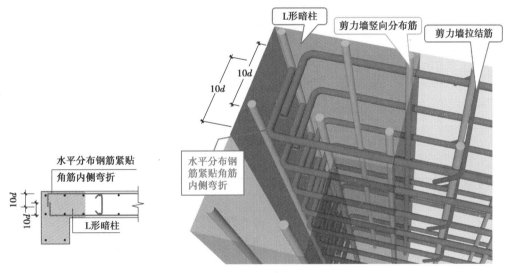

图 5.10 端部"L 形"暗柱钢筋构造及其三维示意图

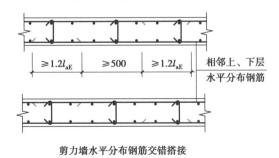

图 5.11 剪力墙水平分布钢筋搭接示意图

②墙端部有端柱时。墙端部有端柱时的钢筋构造及其三维示意图如图 5.12 至图 5.14 所示。

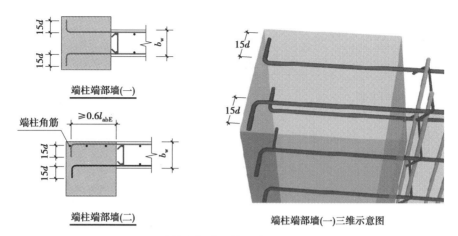

图 5.12 端柱端部墙钢筋构造及其三维示意图

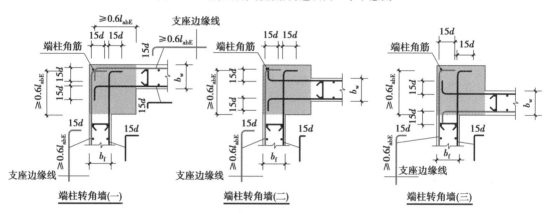

图 5.13 端柱转角墙钢筋构造

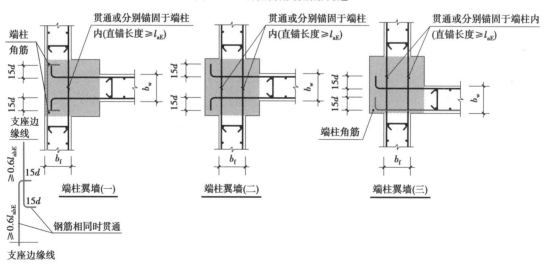

图 5.14 端柱翼墙钢筋构造

墙外侧水平分布钢筋单根长度=墙长 L-2×保护层厚度+15d×2+搭接长度-
90°弯折调整值×2

墙内侧水平分布钢筋单根长度=墙长 L-2×保护层厚度+左锚固长度+右锚固长度

锚固长度的判断：

a.当柱宽 h_c-保护层厚度≥l_{aE} 时,可直锚,锚固长度=h_c-保护层厚度;

b.当柱宽 h_c-保护层厚度<l_{aE} 时,弯锚,锚固长度=h_c-保护层厚度+15d-90°弯折调整值。

当墙筋需要搭接时,搭接长度≥1.2l_{aE};HPB300 钢筋末端还应考虑 180°弯钩。

③墙端部有转角墙时。

a.墙端为转角墙,墙外侧水平分布钢筋连续通过转弯处,其钢筋构造及三维示意图如
图5.15 所示。

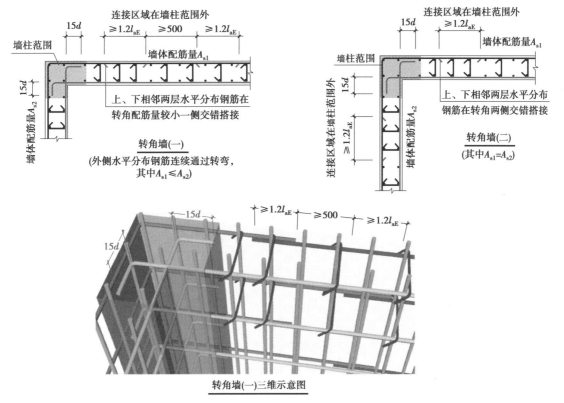

图5.15 转角墙钢筋构造及其三维示意图

墙外侧水平分布钢筋单根长度=墙长 L-2×保护层厚度+搭接长度- 弯折调整值

墙内侧水平分布钢筋单根长度=墙长 L-2×保护层厚度+15d×2+搭接长度-弯折调整值

当墙筋需要搭接时,搭接长度≥1.2l_{aE};HPB300 钢筋末端还应考虑 180°弯钩。

若是斜交转角墙,则外侧水平钢筋连续通过,内侧水平钢筋伸至转角对边墙,并弯折15d。

b.墙端为转角墙,墙外侧水平分布钢筋在转角处搭接,其钢筋构造及三维示意图如图
5.16 所示。

墙外侧水平分布钢筋单根长度=墙长 L-2×保护层厚度+0.8l_{aE}×2+搭接长度-弯折调整值

墙内侧水平分布钢筋单根长度=墙长 L-2×保护层厚度+15d×2+搭接长度-弯折调整值

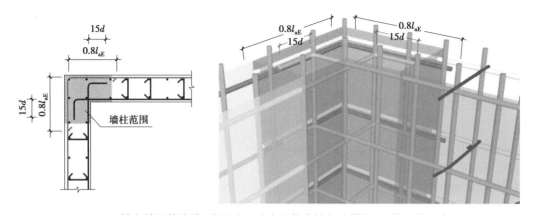

图 5.16　转角墙钢筋构造(外侧水平分布钢筋在转角处搭接)及其三维示意图

当墙筋需要搭接时,搭接长度≥1.2l_{aE};HPB300 钢筋末端还应考虑 180°弯钩。

④墙端部有翼墙时。墙端部有翼墙时,其钢筋构造及三维示意图如图 5.17 所示。

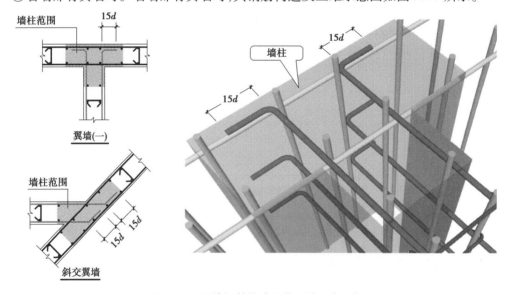

图 5.17　翼墙钢筋构造及其三维示意图

墙水平分布钢筋单根长度=伸至翼墙外部长度 L-2×墙保护层厚度+15d×2+
搭接长度-弯折调整值

当墙筋需要搭接时,搭接长度≥1.2l_{aE};HPB300 钢筋末端还应考虑 180°弯钩。

(2)墙身水平分布钢筋根数计算

墙身水平分布钢筋根数计算分为基础内水平分布钢筋根数计算和中间层及其他层水平分布钢筋根数计算,其中基础内水平分布钢筋布置如图 5.18 所示。

基础内水平分布钢筋根数=max[(基础厚度 h_j-基础保护层厚度-100)/500+1,2]×
水平分布钢筋排数

中间层及顶层水平分布钢筋根数=[(层高-50×2)/间距+1]×水平分布钢筋排数

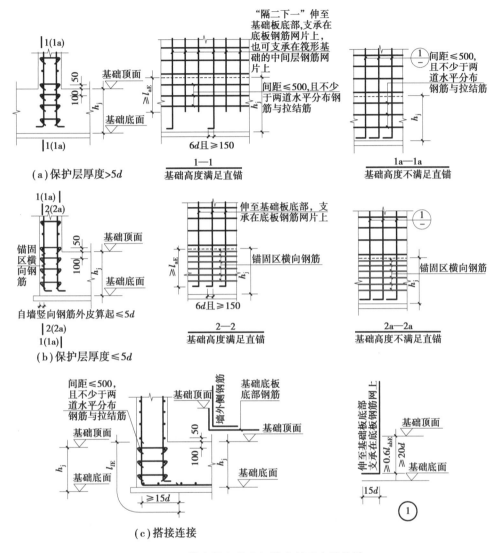

图 5.18 墙身竖向分布钢筋在基础中的构造

2)墙身竖向分布钢筋工程量计算

剪力墙竖向分布钢筋工程量计算包括基础插筋、中间层和顶层竖向分布钢筋的长度计算和根数计算。

(1)基础插筋长度计算

$$基础插筋长度=在基础中的锚固长度+伸入上层的长度$$

墙身竖向分布钢筋在基础中的锚固构造如图 5.18 所示,在基础中的锚固长度如表 5.6 所示。

表5.6 剪力墙身竖向分布钢筋在基础内的锚固长度

保护层厚度	锚固判断	在基础中的锚固长度	备注
>5d	h_j-保护层厚度≥l_{aE}时,直锚	max(6d,150)+h_j-保护层厚度-90°弯折调整值	图5.18中1—1,墙身竖向分布钢筋"隔二下一"伸至基础板底部
		l_{aE}	
	h_j-保护层厚度<l_{aE}时,弯锚	15d+h_j-保护层厚度-90°弯折调整值	图5.18中1a—1a和①
≤5d	h_j-保护层厚度≥l_{aE}时,直锚	max(6d,150)+h_j-保护层厚度-90°弯折调整值	剪力墙外侧竖向分布钢筋见图5.18中2—2
		max(6d,150)+h_j-保护层厚度-90°弯折调整值	内侧竖向分布钢筋同保护层厚度>5d时直锚的计算,墙身竖向分布钢筋"隔二下一"伸至基础板底部
		l_{aE}	
	h_j-保护层厚度<l_{aE}时,弯锚	15d+h_j-保护层厚度-90°弯折调整值	图5.18中2a—2a和①

注:图5.18中(c)节点搭接连接使用较少,若使用需在图纸中说明。

剪力墙竖向分布钢筋连接构造如图5.19所示,竖向分布钢筋伸入上层的长度计算如表5.7所示。剪力墙竖向分布钢筋"隔二下一"及一、二级抗震等级剪力墙底部加强部位竖向钢筋绑扎搭接三维示意图如图5.20所示。

剪力墙竖向分布钢筋连接构造

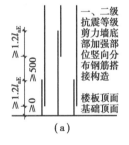
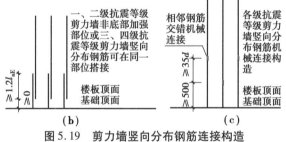

图5.19 剪力墙竖向分布钢筋连接构造

表5.7 剪力墙竖向分布钢筋伸入上层的长度

连接方式	抗震等级	伸入上层的长度	备注
绑扎搭接	一、二级抗震等级剪力墙底部加强部位	$1.2l_{aE}$ 或 $2×1.2l_{aE}$+500	竖向分布钢筋相邻两根错开搭接,错开距离≥500 mm,搭接长度≥$1.2l_{aE}$,见图5.19(a)
	一、二级抗震等级剪力墙非底部加强部位或三、四级抗震等级	$1.2l_{aE}$	竖向分布钢筋在同一部位搭接,见图5.19(b)
机械连接	各级	500 或 500+35d	竖向分布钢筋相邻两根错开连接,错开距离≥35d,见图5.19(c)
焊接连接	各级	500 或 500 + max(500,35d)	竖向分布钢筋相邻两根错开连接,错开距离≥max(500,35d),见图5.19(d)

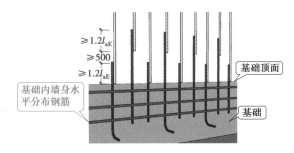

图 5.20　剪力墙单侧竖向分布钢筋"隔二下一"及

一、二级抗震等级剪力墙底部加强部位竖向钢筋绑扎搭接三维示意图

（2）中间层墙身竖向分布钢筋长度计算

①绑扎搭接：

中间层竖向分布钢筋长度=本层层高+搭接长度 $1.2l_{aE}$

②焊接、机械连接：

中间层竖向分布钢筋长度=本层层高

（3）顶层墙身竖向分布钢筋长度计算

剪力墙竖向分布钢筋顶部构造如图 5.21 和图 5.22 所示。

剪力墙竖向分布钢筋顶部构造

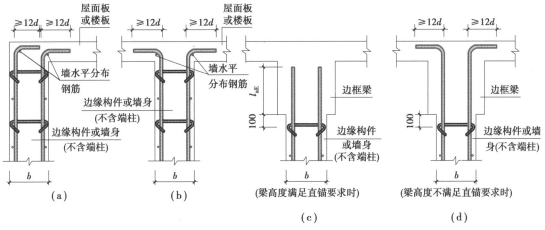

图 5.21　剪力墙竖向分布钢筋顶部构造

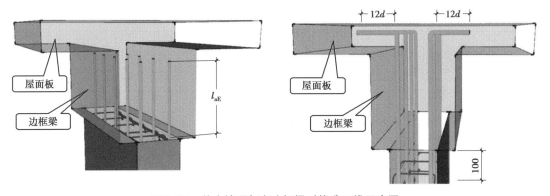

图 5.22　剪力墙顶部有边框梁时构造三维示意图

①顶层为屋面板,或边框梁且梁高-保护层厚度<l_{aE}时,采用弯锚。

A.绑扎搭接

a.一、二级抗震等级剪力墙底部加强部位剪力墙竖向分布钢筋,相邻钢筋错开搭接,错开距离≥500 mm。

顶层竖向分布钢筋长度=层高-保护层厚度+12d-90°弯折调整值

或　　　顶层竖向分布钢筋长度=层高-($1.2l_{aE}$+500)-保护层厚度+12d-90°弯折调整值

b.一、二级抗震等级剪力墙非底部加强部位或三、四级抗震等级,竖向分布钢筋在同一部位搭接。

顶层竖向分布钢筋长度=层高-梁保护层厚度+12d-90°弯折调整值

B.机械连接

顶层竖向分布钢筋长度=层高-保护层厚度-500+12d-90°弯折调整值

或　　　顶层竖向分布钢筋长度=层高-保护层厚度-(500+35d)+12d-90°弯折调整值

C.焊接连接

顶层竖向分布钢筋长度=层高-500-保护层厚度+12d-90°弯折调整值

或　　　顶层竖向分布钢筋长度=层高-[500+max(500,35d)]-保护层厚度+12d-

90°弯折调整值

②顶层为边框梁且梁高-保护层厚度≥l_{aE}时,采用直锚。

A.绑扎搭接

a.一、二级抗震等级剪力墙底部加强部位剪力墙竖向分布钢筋,相邻钢筋错开搭接,错开距离≥500 mm。

顶层竖向分布钢筋长度=层高-梁高+l_{aE}

或　　　顶层竖向分布钢筋长度=层高-梁高-($1.2l_{aE}$+500)+l_{aE}

b.一、二级抗震等级剪力墙非底部加强部位或三、四级抗震等级。

顶层竖向分布钢筋长度=层高-梁高+l_{aE}

B.机械连接

顶层竖向分布钢筋长度=层高-500-梁高+l_{aE}

或　　　顶层竖向分布钢筋长度=层高-(500+35d)-梁高+l_{aE}

C.焊接连接

顶层竖向分布钢筋长度=层高-500-梁高+l_{aE}

或　　　顶层竖向分布钢筋长度=层高-[500+max(500,35d)]-梁高+l_{aE}

(4)墙身竖向分布钢筋根数计算

单侧根数=(墙身净长-2×竖向筋起步距离s)/竖向筋间距+1

墙身竖向分布钢筋根数=单侧根数×竖向分布钢筋排数

3)墙身拉结筋工程量计算

墙身拉结筋有梅花形和矩形两种,其布置如图 5.23 所示,当设计未注明时,宜采用梅花形排布方案。剪力墙竖向分布钢筋为多排时,不影响拉结筋的计算。

(1)单根拉结筋长度计算

拉结筋构造做法如图 5.24 所示,此处采用常用做法,即两端均为 135°弯钩计算。

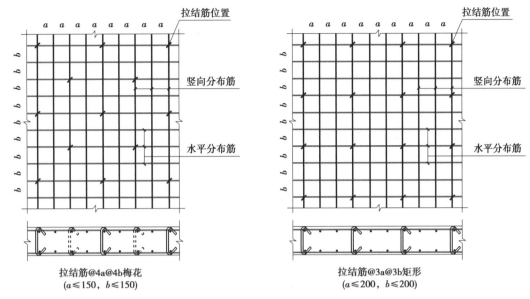

图5.23 剪力墙拉结筋排布构造详图

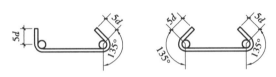

拉结筋构造

（用于剪力墙分布钢筋的拉结，
宜同时勾住外侧水平及竖向分布钢筋）

图5.24 拉结筋构造示意图

单根拉结筋长度=墙厚-2×保护层厚度+2×135°弯钩增加长度+2×5d

（2）拉结筋根数计算

①基础内拉结筋根数计算。由图5.18可知，基础内布置间距小于等于500 mm且不少于两道水平分布钢筋与拉结筋，则基础内拉结筋根数计算如下：

基础内拉结筋根数=［（基础厚度h_j-基础保护层厚度-100）/500+1］×每排拉结筋根数

每排拉结筋根数=（墙长-50×2）/间距+1

②其他层墙身拉结筋根数计算。

拉结筋矩形布置时，则

拉结筋根数=墙净面积/（拉结筋横向间距×纵向间距）

拉结筋梅花形布置时，则

拉结筋根数=（横向长度/0.5 横向间距+1）×（竖向长度/0.5 竖向间距+1）×50%

4）剪力墙钢筋计算示例

图5.7所示剪力墙平法施工图中，混凝土强度等级为C30，一级抗震，保护层厚度为20 mm，采用绑扎搭接，拉结筋矩形布置，计算图中19.470～23.070 m标高范围内（即6层处）①轴上剪力墙Q1的钢筋工程量，具体计算过程如表5.8所示。

表 5.8 Q1 钢筋工程量计算表

部位	钢筋类别	计算
ⓒ~ⓓ 轴处 Q1	水平分布钢筋 ⊈ 12@200	查表知,$l_{aE}=40d=40\times12=480$(mm) 水平分布钢筋单根长度=6 900+150×2-2×20+10×12×2+1.2×480-2.08×12×2 =7 926.08(mm) 单排根数=(3 600-100)/200+1=19(根) 双排根数=19×2=38(根)
	竖向分布钢筋 ⊈ 12@200	查表知,$l_{aE}=40d=40\times12=480$(mm) 竖向分布钢筋单根长度=3 600+1.2×480=4 176(mm) 单排根数=[(6 900+150×2-600×2)-2×200]/200+1=29(根) 双排根数=29×2=58(根)
	拉结筋 φ6@600@600	单根拉结筋长度=墙厚-2×保护层厚度+2×135°弯钩增加长度+2×5d=300-20× 2+2×1.9×6+2×30=342.8(mm) 拉结筋根数=墙净面积/(拉结筋横向间距×纵向间距)=(6 900-450×2)× (23 070-19 470)/(600×600)=60(根)
ⓐ~ⓑ 轴处 Q1	水平分布钢筋 (按外侧水平分 布钢筋在转角 处搭接) ⊈ 12@200	查表知,$l_{aE}=40d=40\times12=480$(mm) 外侧水平分布钢筋单根长度=6 900+150×2-20×2+10×12+0.8×480+1.2×480- 2.08×12×2=8 190.08(mm) 内侧水平分布钢筋单根长度=6 900+150×2-20×2+10×12+15×10+1.2×480- 2.08×12×2=7 956.08(mm) 外侧水平分布钢筋根数=(3 600-100)/200+1=19(根) 内侧水平分布钢筋根数=(3 600-100)/200+1=19(根)
	竖向分布钢筋 ⊈ 12@200	查表知,$l_{aE}=40d=40\times12=480$(mm) 竖向分布钢筋单根长度=3 600+1.2×480=4176(mm) 外侧竖向分布钢筋根数:(2 100-450-850/2-2×200)/200+1=6(根) 　　　　　　　　　　(2 400-850-2×200)/200+1=7(根) 　　　　　　　　　　(2 400-850/2-450-2×200)/200+1=7(根) 　　　　　　　　　　6+7+7=20(根) 内侧竖向分布钢筋根数:计算同外侧竖向分布钢筋,20 根
ⓐ~ⓑ 轴处 Q1	拉结筋 φ6@600@600	单根拉结筋长度=342.8(mm) 拉结筋根数=墙净面积/(拉结筋横向间距×纵向间距)=(2 400-425×2)× (23 070-19 470)/(600×600)≈16(根)
汇总	⊈ 12	长度:7.93×38+4.18×58+8.19×19+7.96×19+4.18×40=1 017.83(m)
		质量:0.888×1 017.83=903.83(kg)
	φ6	长度:0.34×(60+16)=25.84(m)
		质量:0.222×25.84=5.74(kg)

5.2.2 剪力墙梁的钢筋算量

剪力墙梁主要有连梁、暗梁和边框梁,边框梁计算同框架梁,此处主要介绍连梁和暗梁的钢筋工程量计算。

1)连梁的钢筋算量

连梁一般以暗柱或端柱为支座,计算连梁钢筋时,应根据洞口所处位置以及连梁在顶层还是中间层等不同情况进行计算。连梁纵筋在支座内的锚固长度根据设计分为直锚和弯锚两种,连梁构造如图5.25、图5.26所示。

(1)连梁纵向钢筋长度计算

①单洞口连梁。

a.墙端部洞口连梁。连梁以暗柱或端柱为支撑时,墙端部洞口连梁钢筋构造如图5.25(a)所示。

$$连梁纵筋长度=洞口宽+左支座锚固长度+右支座锚固长度$$

当墙端支座宽−保护层厚度$\geq \max(l_{aE},600)$时,直锚,锚固长度$=\max(l_{aE},600)$;

当墙端支座宽−保护层厚度$<\max(l_{aE},600)$时,弯锚,锚固长度$=$支座宽−保护层厚度$+15d$−90°弯折调整值;

若洞口一边在中部,取锚固长度$=\max(l_{aE},600)$。

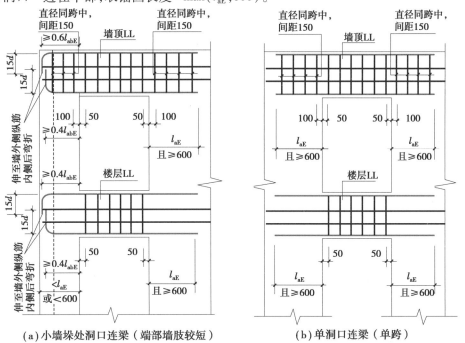

(a)小墙垛处洞口连梁(端部墙肢较短)　　(b)单洞口连梁(单跨)

图5.25　单洞口连梁钢筋构造

b.墙中部洞口单洞口连梁。墙中部洞口连梁钢筋构造如图5.25(b)所示。

$$连梁纵筋长度=洞口宽+2\times\max(l_{aE},600)$$

②双洞口连梁。

双洞口连梁(双跨)钢筋构造如图5.26所示。

双洞口连梁纵筋长度=两洞口宽度之和+两洞口间墙宽度+2×max(l_{aE},600)

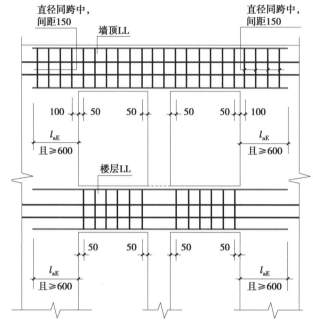

图5.26 双洞口连梁(双跨)钢筋构造

(2)连梁箍筋计算

单根箍筋长度计算同梁部分,参见第3章梁箍筋计算。箍筋根数计算如下:

①单洞口箍筋根数计算。

中间层连梁箍筋根数=(洞口宽-50×2)/间距+1

顶层连梁箍筋根数=(洞口宽-50×2)/间距+1+左锚固段内根数+右锚固段内根数

左、右锚固段内根数=(左、右锚固平直段长度-100)/150+1

若为墙端部,锚固平直段长度=支座宽-保护层厚度;

若为中部,锚固平直段长度=max(l_{aE},600)。

②双洞口箍筋根数计算。

中间层连梁箍筋根数=[(左洞口宽-50×2)/间距+1]+[(右洞口宽-50×2)/间距+1]

顶层连梁箍筋根数=[(左洞口宽-50×2)/间距+1]+[(右洞口宽-50×2)/间距+1]+[(两
洞口间间距-50×2)/间距+1]+左锚固段内根数+右锚固段内根数

左、右锚固段内根数=(左、右锚固平直段长度-100)/150+1

(3)连梁侧面纵筋和拉结筋计算

连梁侧面纵筋和拉结筋构造如图5.27所示。

①连梁侧面纵筋计算。当设计未注明连梁侧面构造钢筋时,墙体水平分布钢筋作为连梁
侧面构造钢筋在连梁范围内拉通布置;当单独设置连梁侧面纵筋时,侧面纵筋伸入洞口以外
支座范围的锚固长度为l_{aE}且≥600 mm。

侧面纵筋单根长度=洞口宽度+左支座锚固长度+右支座锚固长度

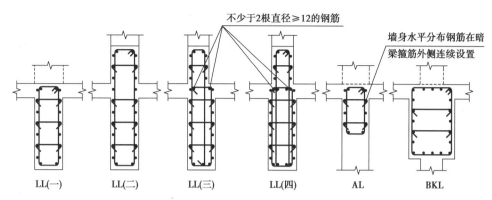

图 5.27 连梁、暗梁和边框梁侧面纵筋和拉筋构造

②连梁拉筋计算。拉筋布置规定:当梁宽≤350 mm 时,拉筋直径为 6 mm;当梁宽>350 mm 时,拉筋直径为 8 mm,拉筋间距为 2 倍箍筋非加密区间距,竖向沿侧面水平分布钢筋隔一拉一布置,如图 5.27 所示。

拉筋单根长度=梁宽-2×保护层厚度+2×135°弯钩增加长度+2×max(10d,75)

拉筋总根数=拉筋排数×每排拉筋根数

拉筋排数=单侧侧面水平分布钢筋根数/2(向下取整)

拉筋排数=[(连梁高-2×保护层厚度)/水平筋间距+1]/2

每排拉筋根数=(连梁净跨-50×2)/连梁拉筋间距+1

2)暗梁的钢筋算量

暗梁的钢筋构造如图 5.28 所示,暗梁的钢筋有纵向钢筋、箍筋、拉筋和暗梁侧面钢筋。墙身水平分布钢筋在暗梁高度范围内连续设置。

(1)暗梁纵筋长度计算

①中间层暗梁。

中间层暗梁纵筋长度=墙总长-2×保护层厚度+15d-90°弯折调整值

②顶层暗梁。

暗梁上部纵筋长度=墙总长-2×保护层厚度+2×1.7l_{abE}-90°弯折调整值

暗梁下部纵筋长度=墙总长-2×保护层厚度+15d

(2)暗梁箍筋计算

暗梁箍筋长度计算同框架梁,箍筋根数计算如下:

箍筋根数=(暗梁净长-50×2)/箍筋间距+1

(3)暗梁侧面构造筋

当设计上没有标注暗梁侧面构造筋时,墙体水平分布钢筋按其间距作为梁侧面构造筋在暗梁范围内拉通连续布置。

暗梁侧面纵向构造钢筋长度=墙总长-2×保护层厚度+15d

(4)暗梁拉筋计算

拉筋布置规定:当梁宽≤350 mm 时,拉筋直径为 6 mm;当梁宽>350 mm 时,拉筋直径为 8 mm,拉筋间距为 2 倍箍筋非加密区间距,竖向沿侧面水平分布钢筋隔一拉一布置。

拉筋总根数=拉筋排数×每排拉筋根数

拉筋排数=[(暗梁高-2×保护层厚度)/水平分布钢筋间距+1]/2

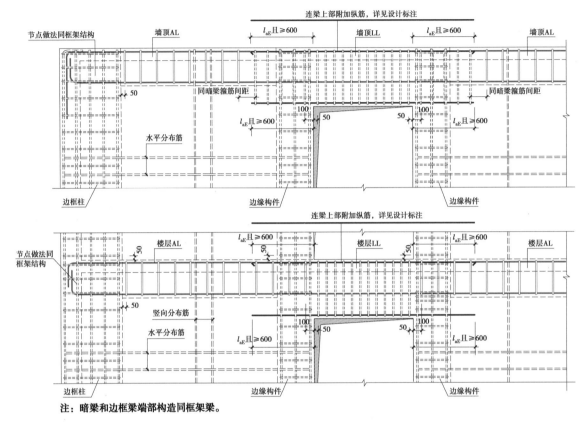

注：暗梁和边框梁端部构造同框架梁。

图 5.28　剪力墙暗梁钢筋排布构造

每排拉筋根数=(暗梁净长-50×2)/暗梁拉筋间距+1

3)剪力墙梁钢筋计算示例

图 5.7 剪力墙平法施工图中,混凝土强度等级为 C30,一级抗震,保护层厚度为 20 mm,计算图中 4 层处①轴上①~②轴 LL2 的钢筋工程量,由图可知 LL2 的截面尺寸为 300 mm×2 070 mm,其钢筋计算见表 5.9。

表 5.9　LL2 钢筋工程量计算表

部位	钢筋信息	计算
上部纵筋	4 ⊈ 25	端支座宽度-c=1 030(mm),查表知 l_{aE}=40d=40×25=1 000(mm) 因 h_c-c>max(l_{aE},600),采用直锚,左支座锚固长度=右支座锚固长度=max(l_{aE},600)=1 000(mm) 上部纵筋单根长度=净跨长+左支座锚固长度+右支座锚固长度=2 000+1 000×2=4 000(mm)
下部纵筋	4 ⊈ 25	计算同上部纵筋,下部通长筋单根长度=4 000 mm

续表

部位	钢筋信息	计算
箍筋	Φ10@150(2)	箍筋单根长度=梁截面周长-8×保护层厚度-90°弯折调整值×3+135°弯钩增加长度×2+max(10d,75)×2=(300+2 070)×2-8×20-1.75×10×3+1.9×10×2+10×10×2=4 765.5(mm) 4层为中间层,箍筋根数=(洞口宽-50×2)/间距+1=(2 000-100)/150+1=14(根)
侧面钢筋	18 Φ 12	锚固长度=l_{aE}=40d=40×12=480(mm)<600 mm 侧面纵筋单根长度=净跨长+2×锚固长度=2 000+2×max(l_{aE},600)=2 000+2×600=3 200(mm)
拉筋	Φ6	此梁宽300 mm,拉筋直径为6 mm,拉筋间距为非加密区箍筋间距的2倍,即间距为150×2=300(mm) 拉筋单根长度=梁宽-2×保护层厚度+2×135°弯钩增加长度+2×max(10d,75)=300-2×20+2×1.9×6+2×75=432.8(mm) 拉筋根数=拉筋排数×每排拉筋根数=单侧水平分布钢筋根数/2(向下取整)×[(连梁净跨-50×2)/连梁拉筋间距+1]=9/2×[(2 000-50×2)/300+1]=32(根)
汇总	Φ 25	长度:8×4=32(m)
		质量:3.85×32=123.2(kg)
	Φ 12	长度:18×3.2=57.6(m)
		质量:0.888×57.6=51.15(kg)
	Φ 10	长度:14×4.77=66.78(m)
		质量:0.617×66.78=41.20(kg)
	Φ6	长度:32×0.43=13.76(m)
		质量:0.222×13.76=3.05(kg)

5.2.3 剪力墙柱的钢筋算量

剪力墙柱分为端柱和暗柱,端柱的竖向分布钢筋与箍筋构造及其计算与框架柱相同,详见框架柱部分内容。此处主要介绍暗柱的钢筋构造和计算,暗柱的钢筋主要有纵筋和箍筋。

1)暗柱纵筋算量

(1)基础插筋长度计算

边缘构件纵筋在基础中构造如图5.29所示,边缘构件角部纵筋示意如图5.30所示。暗柱纵筋在基础中插筋长度计算如下:

基础插筋长度=锚入基础中长度+纵筋伸出基础露出长度

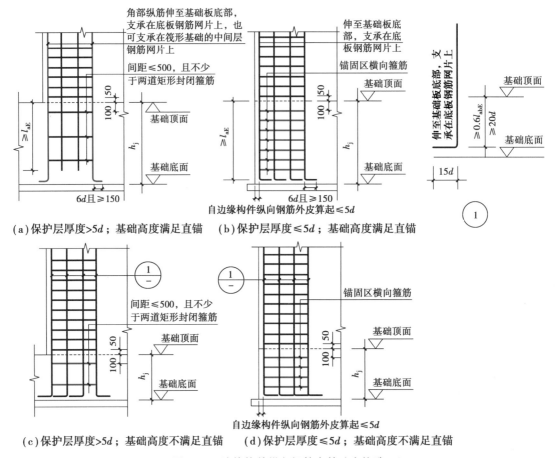

图 5.29 边缘构件纵向钢筋在基础中构造

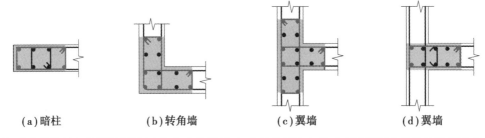

注:"边缘构件角部纵筋"指图中红色点状钢筋,红色的箍筋为在基础高度范围内采用的箍筋形式。

图 5.30 边缘构件角部纵筋示意

锚入基础中长度如表5.10所示。

表5.10 暗柱纵筋在基础内的锚固长度

暗柱插筋保护层厚度	锚固判断	在基础中的锚固长度	备注
>5d	h_j-保护层厚度$\geqslant l_{aE}$时,直锚	max($6d$,150)+h_j-保护层厚度-90°弯折调整值	见图5.29(a),角部纵筋伸至基础板底部,角筋示意见图5.30中红色点状钢筋
		l_{aE}	见图5.29(a),其他纵筋示意见图5.30中黑色点状钢筋
	h_j-保护层厚度$<l_{aE}$时,弯锚	15d+h_j-保护层厚度-90°弯折调整值	见图5.29(c)和①
≤5d	h_j-保护层厚度$\geqslant l_{aE}$时,直锚	max($6d$,150)+h_j-保护层厚度-90°弯折调整值	见图5.29(b)
	h_j-保护层厚度$<l_{aE}$时,弯锚	15d+h_j-保护层厚度-90°弯折调整值	见图5.29(d)和①

暗柱纵筋连接构造如图5.31所示,纵筋伸出基础露出长度如表5.11所示。

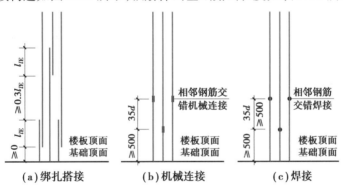

图5.31 剪力墙边缘构件纵向钢筋连接构造
(适用于约束边缘构件阴影部分和构造边缘构件的纵向钢筋)

表5.11 暗柱纵筋伸出基础露出或伸入上层长度

连接方式	伸入上层的长度	备注
绑扎搭接	l_{lE}或2.3l_{lE}	纵向钢筋相邻两根错开连接,错开距离$\geqslant 0.3 l_{lE}$,见图5.31(a)
机械连接	500或500+35d	纵向钢筋相邻两根错开连接,错开距离$\geqslant 35d$,见图5.31(b)
焊接连接	500或500+max(500,35d)	纵向钢筋相邻两根错开连接,错开距离$\geqslant$max(500,35d),见图5.31(c)

(2)暗柱中间层纵筋长度计算

①绑扎搭接:

$$暗柱中间层纵筋长度=层高+上层搭接长度$$

②机械、焊接连接：

$$暗柱中间层纵筋长度 = 层高$$

（3）暗柱顶层纵筋长度计算

暗柱顶层纵筋锚固同剪力墙，见图 5.21 和图 5.22。

①顶层为屋面板，或边框梁且梁高−保护层厚度 $< l_{aE}$ 时。

a. 绑扎搭接：

$$暗柱顶层纵筋长度 = 层高−保护层厚度 + 12d − 90°弯折调整值$$

或　　　　$$暗柱顶层纵筋长度 = 层高−保护层厚度 − 1.3l_{lE} + 12d − 90°弯折调整值$$

b. 机械连接：

$$暗柱顶层纵筋长度 = 层高−保护层厚度 − 500 + 12d − 90°弯折调整值$$

或　　　$$暗柱顶层纵筋长度 = 层高−保护层厚度 − (500 + 35d) + 12d − 90°弯折调整值$$

c. 焊接连接：

$$暗柱顶层纵筋长度 = 层高−保护层厚度 − 500 + 12d − 90°弯折调整值$$

或　$$暗柱顶层纵筋长度 = 层高−保护层厚度 − [500 + \max(500, 35d)] + 12d − 90°弯折调整值$$

②顶层为边框梁且梁高−保护层厚度 $\geq l_{aE}$ 时，直锚，锚固入边框梁 l_{aE}。

a. 绑扎搭接：

$$顶层竖向钢筋长度 = 层高−梁高 + l_{aE}$$

或　　　　　　　$$顶层竖向钢筋长度 = 层高 − 1.3l_{lE} − 梁高 + l_{aE}$$

b. 机械连接：

$$顶层竖向钢筋长度 = 层高 − 500 − 梁高 + l_{aE}$$

或　　　　　　$$顶层竖向钢筋长度 = 层高 − (500 + 35d) − 梁高 + l_{aE}$$

c. 焊接连接：

$$顶层竖向钢筋长度 = 层高 − 500 − 梁高 + l_{aE}$$

或　　　　$$顶层竖向钢筋长度 = 层高 − [500 + \max(500, 35d)] − 梁高 + l_{aE}$$

2）暗柱箍筋算量

箍筋单根长度计算类似于框架柱箍筋，详见框架柱部分钢筋算量。

（1）基础层箍筋根数计算

图 5.30 中红色的箍筋为在基础高度范围内采用的箍筋形式，其单根长度计算同柱箍筋计算，其根数构造见图 5.29。

$$基础内箍筋根数 = \max[(基础厚度 h_j − 基础保护层厚度 − 100)/500 + 1, 2]$$

（2）其他层箍筋根数计算

①绑扎搭接：当采用绑扎搭接时，搭接长度范围内箍筋应加密，箍筋间距不大于纵向搭接钢筋最小直径的 5 倍，且不大于 100 mm。

$$其他层箍筋根数 = 加密区根数 + 非加密区根数$$

其中　　　　$$加密区根数 = 2.3l_{lE}/\min(5d, 100) + 1$$

$$非加密区根数 = (层高 − 50 − 2.3l_{lE})/箍筋间距$$

②焊接或机械连接：

$$其他层箍筋根数 = (层高 − 50)/箍筋间距 + 1$$

3）暗柱钢筋计算示例

如图 5.32 和图 5.33 所示，已知基础为筏板基础，基础厚度为 600 mm，基础和剪力墙混凝土强度等级均为 C30,三级抗震,基础保护层厚度为 40 mm,剪力墙保护层厚度为 20 mm,板保护层厚度为 15 mm,顶层板厚 120 mm,柱纵筋采用焊接连接,地下室、−1 层层高为 3.95 m,首层和 2 层层高均为 3.0 m,请计算图中 YBZ5 和 GBZ5 的钢筋工程量。

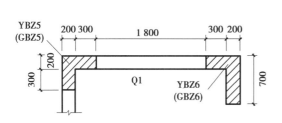

图 5.32 剪力墙平面图

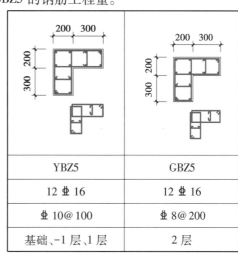

YBZ5	GBZ5
12 ⊕ 16	12 ⊕ 16
⊕ 10@ 100	⊕ 8@ 200
基础、−1 层、1 层	2 层

图 5.33 剪力墙柱表

YBZ5 和 GBZ5 钢筋计算如表 5.12 所示。

表 5.12 YBZ5 和 GBZ5 钢筋工程量计算表

部位	钢筋信息	计算
基础插筋	12 ⊕ 16	墙身插筋保护层厚度 $<5d=5\times16=80$(mm),h_j−保护层厚度 $=600-40=560$(mm),查表知 $l_{aE}=37d=37\times16=592$(mm)。 因 h_j−保护层厚度 $<l_{aE}$,采用弯锚。$0.6l_{abE}=0.6\times37\times16=355.2$(mm),$20d=20\times16=320$(mm)。 在基础中的锚固长度 $=15d+h_j$−保护层厚度−90°弯折调整值 $=15d+560-2.08d=766.72$(mm) ①单根基础插筋长度 1=锚入基础中长度+纵筋伸出基础露出长度 $=766.72+500=1\,266.72$(mm),根数为 6 根 ②单根基础插筋长度 2=锚入基础中长度+纵筋伸出基础露出长度 $=766.72+500+\max(500,35d)=1\,826.72$(mm),根数为 6 根
−1 层纵筋	12 ⊕ 16	−1 层纵筋单根长度 $=-1$ 层层高 $=3\,950$(mm) 根数 12 根
首层纵筋	12 ⊕ 16	首层纵筋单根长度=首层层高 $=3\,000$(mm) 根数 12 根
顶层(2)纵筋	12 ⊕ 16	①顶层长度 2=层高−板保护层厚度−500+12d−90°弯折调整值 $=3\,000-15-500+12\times16-2.08\times16=2\,643.72$(mm),根数为 6 根 ②顶层长度 2=层高−板保护层厚度−$[500+\max(500,35d)]+12d$−90°弯折调整值 $=3\,000-15-500-\max(500,35\times16)+12\times16-2.08\times16=2\,083.72$ mm,根数为 6 根

续表

部位	钢筋信息	计算
箍筋 （YBZ5）	$\Phi10@100$	（1）基础内箍筋计算 ①基础内箍筋1单根长度＝截面周长－8×保护层厚度－90°弯折调整值×3＋135°弯钩增加长度×2＋max（10d,75）×2＝（500－20×2＋200－20×2）×2＋19.54×10＝1 435.4（mm） 基础内根数＝max［（基础厚度h_j－基础保护层厚度－100）/500＋1,2］＝2（根） ②基础内箍筋2单根长度＝基础内箍筋1单根长度＝1 435.4（mm），根数为2根 （2）－1层箍筋计算 箍筋1单根长度＝箍筋2单根长度＝1 435.4（mm） 箍筋3单根长度＝箍筋4单根长度＝墙厚－2×保护层厚度＋2×135°弯钩增加长度＋2×max（10d,75）＝200－2×20＋2×2.89d＋2×10d＝417.8（mm） 根数＝（层高－50）/箍筋间距＋1＝（3 950－50）/100＋1＝40（根） （3）首层箍筋计算 单根长度同－1层 根数＝（层高－50）/箍筋间距＋1＝（3 000－50）/100＋1＝31（根）
箍筋 （GBZ5）	$\Phi8@200$	箍筋1单根长度＝箍筋2单根长度＝截面周长－8×保护层厚度－90°弯折调整值×3＋135°弯钩增加长度×2＋max（10d,75）×2＝（200＋500）×2－8×20＋19.54×8＝1 396.32（mm） 箍筋3单根长度＝箍筋4单根长度＝墙厚－2×保护层厚度＋2×135°弯钩增加长度＋2×max（10d,75）＝200－2×20＋2×2.89d＋2×10d＝366.24（mm） 根数＝（层高－50）/箍筋间距＋1＝（3 000－50）/200＋1＝16（根）
汇总	$\Phi16$	长度：1.27×6＋1.83×6＋3.95×12＋3×12＋2.64×6＋2.08×6＝130.32（m）
		质量：1.58×130.32＝205.91（kg）
	$\Phi10$	长度：1.44×2×2＋（1.44×2＋0.42×2）×（40＋31）＝269.88（m）
		质量：0.617×269.88＝166.52（kg）
	$\Phi8$	长度：（1.40×2＋0.37×2）×16＝56.64（m）
		质量：0.395×56.64＝22.37（kg）

本章小结

本章介绍了剪力墙的类型,构建了各类型剪力墙的三维模型,解读了剪力墙平法施工图的两种注写方式;依据剪力墙的制图规则识读了剪力墙施工图;根据剪力墙钢筋的基本构造,构建了剪力墙中节点处的钢筋三维模型;分别列出了剪力墙身、剪力墙梁和剪力墙柱的钢筋工程量计算公式,并将公式应用于实例,对剪力墙身、连梁和暗柱进行了实算。

课后练习

1. 剪力墙平法标注的方式有哪些?
2. 剪力墙柱有哪些类型?代号分别是什么?
3. 约束边缘构件包括哪些?
4. 剪力墙柱表中需要注写哪些内容?
5. 剪力墙身表中需要注写哪些内容?
6. 若将暗柱计算示例中 GBZ5 竖向钢筋改为 12 Φ 12,请计算其钢筋工程量。

6 板式楼梯钢筋识图与算量

6.1 板式楼梯钢筋识图

6.1.1 板式楼梯的类型

依据22G101—2图集,板式楼梯共有14类,具体如表6.1所示。

表6.1 板式楼梯类型及三维示意图

梯板代号	适用范围		是否参与结构整体抗震计算	截面形状、支座示意及三维示意图
	抗震构造措施	使用结构		
AT	无	剪力墙、砌体结构	不参与	图6.1
BT				图6.2
CT	无	剪力墙、砌体结构	不参与	图6.3
DT				图6.4
ET	无	剪力墙、砌体结构	不参与	图6.5
FT				图6.6
GT	无	剪力墙、砌体结构	不参与	图6.7
ATa	有	框架结构、框剪结构中框架部分	不参与	图6.8
ATb			不参与	图6.9
ATc			参与	图6.10
BTb	有	框架结构、框剪造构中框架部分	不参与	图6.11
CTa	有	框架结构、框剪结构中框架部分	不参与	图6.12
CTb			不参与	图6.13
DTb	有	框架结构、框剪造构中框架部分	不参与	图6.14

1) AT 型楼梯

AT 型楼梯截面形状、支座位置及其三维示意图如图 6.1 所示。AT 型楼梯梯板全部由踏步段构成,其梯板的两端分别以(低端和高端)梯梁为支座。

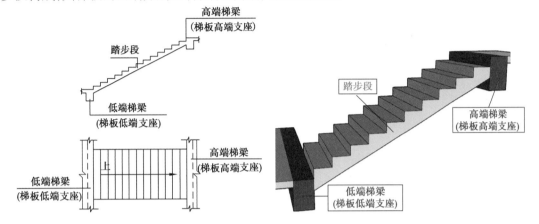

图 6.1   AT 型楼梯截面形状、支座位置及其三维示意图

2) BT 型楼梯

BT 型楼梯截面形状、支座位置及其三维示意图如图 6.2 所示。BT 型楼梯梯板由低端平板和踏步段构成,其梯板的两端分别以(低端和高端)梯梁为支座。

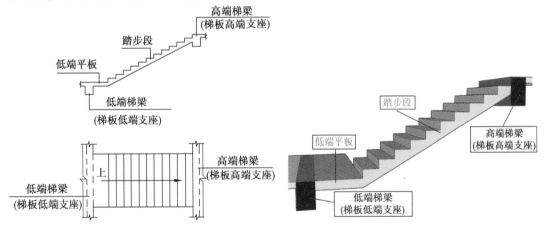

图 6.2   BT 型楼梯截面形状、支座位置及其三维示意图

3) CT 型楼梯

CT 型楼梯截面形状、支座位置及其三维示意图如图 6.3 所示。CT 型楼梯梯板由踏步段和高端平板构成,其梯板的两端分别以(低端和高端)梯梁为支座。

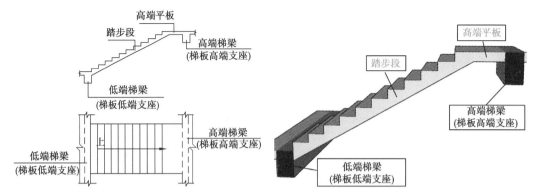

图 6.3　CT 型楼梯截面形状、支座位置及其三维示意图

4) DT 型楼梯

DT 型楼梯截面形状、支座位置及其三维示意图如图 6.4 所示。DT 型楼梯梯板由低端平板、踏步段和高端平板构成,其梯板的两端分别以(低端和高端)梯梁为支座。

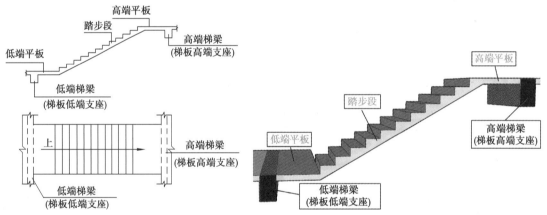

图 6.4　DT 型楼梯截面形状、支座位置及其三维示意图

5) ET 型楼梯

ET 型楼梯截面形状、支座位置及其三维示意图如图 6.5 所示。ET 型楼梯梯板由低端踏步段、中位平板和高端踏步段构成,其梯板的两端分别以(低端和高端)梯梁为支座。

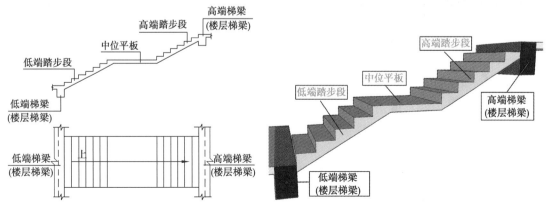

图 6.5　ET 型楼梯截面形状、支座位置及其三维示意图

6)FT 型楼梯(有层间和楼层平台板的双跑楼梯)

FT 型楼梯截面形状、支座位置及其三维示意图如图 6.6 所示。FT 型楼梯梯板由层间平板、踏步段和楼层平板构成,其梯板一端的层间平板采用三边支撑,另一端的楼层平板也采用三边支承。FT 代号代表两跑踏步段和连接它们的楼层平板及层间平板的板式楼梯。

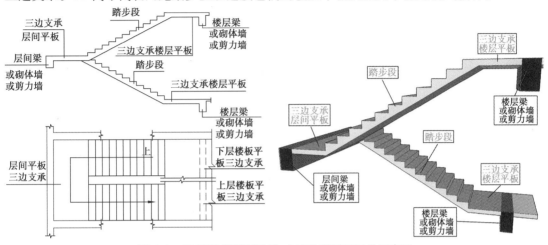

图 6.6 FT 型楼梯截面形状、支座位置及其三维示意图

7)GT 型楼梯(有层间平台板的双跑楼梯)

GT 型楼梯截面形状、支座位置及其三维示意图如图 6.7 所示。GT 型楼梯梯板由层间平板和踏步段构成,其梯板一端的层间平板采用三边支撑,另一端的踏步段端支承在梯梁上。GT 代号代表两跑踏步段和连接它们的楼层平板及层间平板的板式楼梯。

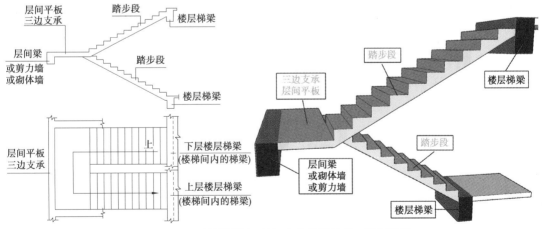

图 6.7 GT 型楼梯截面形状、支座位置及其三维示意图

8)ATa 型楼梯

ATa 型楼梯截面形状、支座位置及其三维示意图如图 6.8 所示。ATa 型为带滑动支座的板式楼梯,梯板全部由踏步段构成,其支承方式为梯板高端均支承在梯梁上,梯板低端带滑动支座支承在梯梁上,梯板采用双层双向配筋。

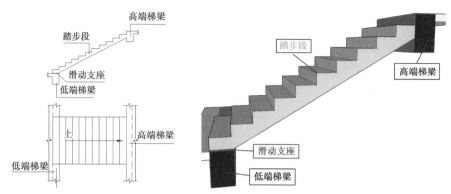

图 6.8　ATa 型楼梯截面形状、支座位置及其三维示意图

9) ATb 型楼梯

ATb 型楼梯截面形状、支座位置及其三维示意图如图 6.9 所示。ATb 型为带滑动支座的板式楼梯,梯板全部由踏步段构成,其支承方式为梯板高端均支承在梯梁上,梯板低端带滑动支座支承在挑板上,梯板采用双层双向配筋。

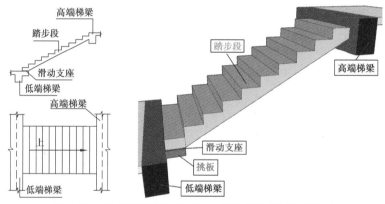

图 6.9　ATb 型楼梯截面形状、支座位置及其三维示意图

10) ATc 型楼梯

ATc 型楼梯截面形状、支座位置及其三维示意图如图 6.10 所示。ATc 型梯板全部由踏步段构成,其支承方式为梯板两端均支承在梯梁上,楼梯休息平台与主体结构可连接,也可脱开。梯板采用双层双向配筋,平台板按双层双向配筋。

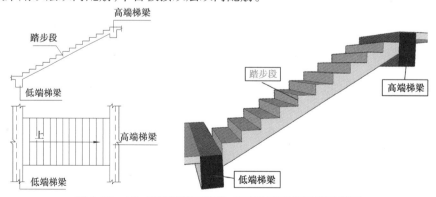

图 6.10　ATc 型楼梯截面形状、支座位置及其三维示意图

11) BTb 型楼梯

BTb 型楼梯截面形状、支座位置及其三维示意图如图6.11 所示。BTb 型为带滑动支座的板式楼梯。梯板由踏步段和低端平板构成,其支承方式为梯板高端支承在梯梁上,梯板低端带滑动支座支承在挑板上。梯板采用双层双向钢筋。

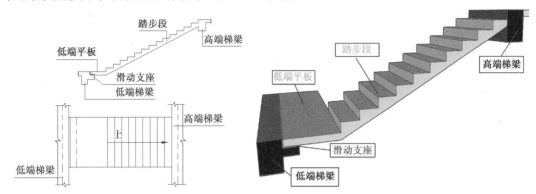

图 6.11 BTb 型楼梯截面形状、支座位置及其三维示意图

12) CTa 型楼梯

CTa 型楼梯截面形状、支座位置及其三维示意图如图6.12 所示。为带滑动支座的板式楼梯,梯板由踏步段和高端平板构成,其支承方式为梯板高端均支承在梯梁上,梯板低端带滑动支座支承在梯梁上。梯板采用双层双向配筋。

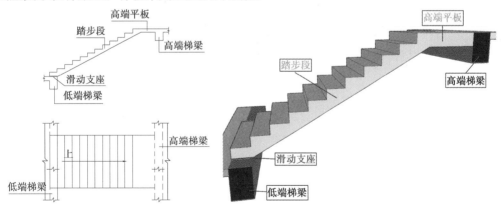

图 6.12 CTa 型楼梯截面形状、支座位置及其三维示意图

13) CTb 型楼梯

CTb 型楼梯截面形状、支座位置及其三维示意图如图6.13 所示。为带滑动支座的板式楼梯,梯板由踏步段和高端平板构成,其支承方式为梯板高端均支承在梯梁上,梯板低端带滑动支座支承在挑板上。梯板采用双层双向配筋。

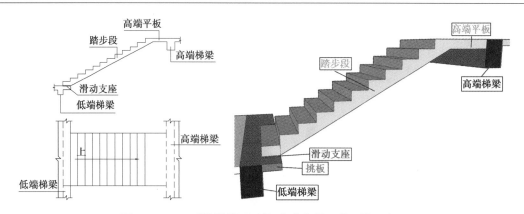

图 6.13 CTb 型楼梯截面形状、支座位置及其三维示意图

14)DTb 型楼梯

DTb 型楼梯截面形状、支座位置及其三维示意图如图 6.14 所示。DTb 型为带滑动支座的板式楼梯,梯板由低端平板、踏步段和高端平板构成,其支承方式为梯板高端平板支承在梯梁上,梯板低端带滑动支座支承在挑板上。梯板采用双层双向配筋。

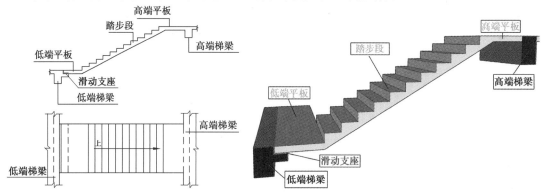

图 6.14 DTb 型板式楼梯截面形状、支座位置及其三维示意图

6.1.2 板式楼梯的注写方式

现浇混凝土板式楼梯平法施工图有平面注写、剖面注写和列表注写 3 种表达方式。

1)平面注写方式

板式楼梯的平面注写方式,是在楼梯平面布置图上注写截面尺寸和配筋具体数值的方式来表达楼梯施工图,包括集中标注和外围标注。

（1）集中标注

板式楼梯集中标注的内容有 5 项,具体规定如下:

①梯板类型代号与序号,如 AT××。

②梯板厚度,注写为 h=×××。当为带平板的梯板且踏步段厚度和平板厚度不同时,可在梯板厚度后面括号内以字母 P 打头注写平板厚度。

【例】h=130（P150）,130 表示楼梯踏步段厚度,150 表示梯板平板的厚度,单位为 mm。

③踏步段总高度和踏步级数之间以"/"分隔。

④梯板上部纵筋、下部纵筋之间以";"分隔。

⑤梯板分布筋以 F 打头注写分布钢筋具体值,该项也可在图中统一说明。

【例】平面图中梯板类型及面筋的完整标注示例如下(AT 型):

AT1,$h=120$ ——梯板类型及编号,梯板板厚

1 800/12 ——踏步段总高度/踏步级数

$\oplus$10@200;$\oplus$12@150 ——上部纵筋;下部纵筋

Fϕ8@250 ——梯板分布筋(可统一说明)

⑥对于 ATc 型楼梯,尚应注明梯板两侧边缘构件纵向钢筋及箍筋。

(2)外围标注

楼梯外围标注的内容,包括楼梯间的平面尺寸、楼层结构标高、层间结构标高、楼梯的上下方向、梯板的平面几何尺寸、平台板配筋、梯梁及梯柱配筋等。

(3)ATa 型和 CTa 型楼梯平面注写方式及适用条件

①ATa 型楼梯标注。ATa 型楼梯平面注写方式如图 6.15 所示。集中注写的内容有 5 项:第 1 项为梯板类型代号与序号 ATa××;第 2 项为梯板厚度 h;第 3 项为踏步段总高度 H_s/踏步级数($m+1$);第 4 项为上部纵筋及下部纵筋;第 5 项为梯板分布筋。梯板的分布筋可直接标注,也可统一说明。平台板 PTB、梯梁 TL、梯柱 TZ 配筋可参照 22G101—1 标注,带悬挑板的梯梁应采用截面注写方式。

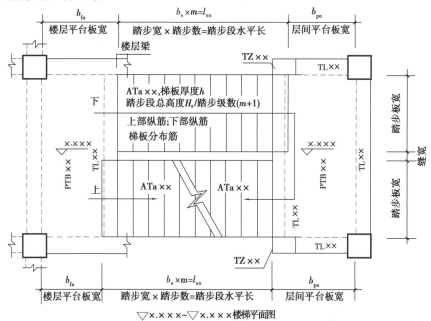

图 6.15 ATa 型楼梯注写方式

ATa 型楼梯设滑动支座,不参与结构整体抗震计算。

ATa 型楼梯的适用条件:梯板全部由踏步段构成,其支承方式为梯板高端支承在梯梁上,梯板低端带滑动支座支承在梯梁上。

②CTa 型楼梯标注。CTa 型楼梯平面注写方式如图 6.16 所示。集中注写的内容有 5 项:第 1 项为梯板类型代号与序号 CTa××;第 2 项为梯板厚度 h,当高端平板厚度和踏步段厚度不

同时,在梯板厚度后面括号内以字母 P 打头注写高端平板厚度 h_t;第 3 项为踏步段总高度 $H_s/$ 踏步级数$(m+1)$;第 4 项为上部纵筋及下部纵筋;第 5 项为梯板分布筋。梯板的分布筋可直接标注,也可统一说明。平台板 PTB、梯梁 TL、梯柱 TZ 配筋可参照 22G101—1 标注,带悬挑板的梯梁应采用截面注写方式。

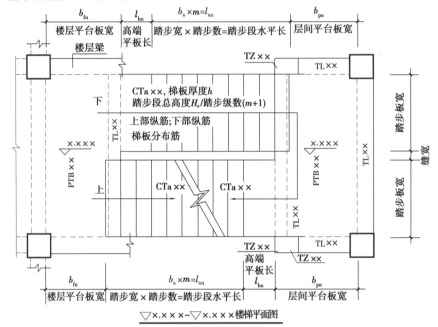

▽×.×××~▽×.×××楼梯平面图

图 6.16　CTa 型楼梯注写方式

CTa 型楼梯的适用条件:梯板由踏步段和高端平板构成,其支承方式为梯板高端支承在梯梁上,梯板低端带滑动支座支承在梯梁上。框架结构中,楼梯层间平台通常设梯柱、梁,层间平台可与框架柱连接。

2)剖面注写方式

剖面注写方式需在楼梯平法施工图中绘制楼梯平面布置图和楼梯剖面图,注写方式包含平面图注写和剖面图注写两部分。

楼梯平面布置图注写内容,包括楼梯间的平面尺寸、楼层结构标高、层间结构标高、楼梯的上下方向、梯板的平面几何尺寸、梯板类型及编号、平台板配筋、梯梁及梯柱配筋等。

楼梯剖面图注写内容,包括梯板集中标注、梯梁梯柱编号、梯板水平及竖向尺寸、楼层结构标高、层间结构标高等。

梯板集中标注的内容有 4 项,具体规定如下:

①梯板类型及编号,如 AT××。

②梯板厚度,注写为 $h=$×××。当梯板由踏步段和平板构成,且梯板踏步段厚度和平板厚度不同时,可在梯板厚度后面括号内以字母 P 打头注写平板厚度。

③梯板配筋。注明梯板上部纵筋和梯板下部纵筋,用分号";"将上部与下部纵筋的配筋值分隔开来。

④梯板分布筋,以 F 打头注写分布钢筋具体值,该项也可在图中统一说明。

【例】剖面图中梯板配筋完整的标注如下(AT 型):

AT1, $h = 120$ ——梯板类型及编号,梯板板厚

⊈10@200;⊈12@150 ——上部纵筋;下部纵筋

F φ8@250   ——梯板分布筋(可统一说明)

⑤对于 ATc 型楼梯,集中标注中尚应注明梯板两侧边缘构件纵向钢筋及箍筋。

3)列表注写方式

列表注写方式,系用列表方式注写梯板截面尺寸和配筋具体数值的方式来表达楼梯施工图。

列表注写方式的具体要求同剖面注写方式,仅将剖面注写方式中的梯板配筋注写项改为列表注写项即可,如表 6.2 所示。

表 6.2　梯板几何尺寸和配筋

梯板编号	踏步段总高度/mm /踏步级数	板厚 h/mm	上部纵向钢筋	下部纵向钢筋	分布筋

注:对于 ATc 型楼梯,尚应注明梯板两侧边缘构件纵向钢筋及箍筋。

4)其他

按平法绘制楼梯施工图时,与楼梯相关的平台板、梯梁和梯柱的注写编号由类型代号和序号组成。平台板代号为 PTB,梯梁代号为 TL,梯柱代号为 TZ,注写方式参见 22G101—1。

楼层平台梁板配筋可绘制在楼梯平面图中,也可在各层梁板配筋图中绘制;层间平台梁板配筋在楼梯平面图中绘制。楼层平台板可与该层的现浇楼板整体设计。

6.2　宿舍楼工程板式楼梯钢筋识图

6.2.1　楼梯结构设计说明

①读结构设计说明,可知宿舍楼工程抗震等级为四级,抗震设防烈度为 6 度(见图 2.5)。

②楼梯混凝土强度等级,如图 6.17 所示。

构件名称	混凝土强度等级	备　注
楼梯	C30	/

图 6.17　宿舍楼工程楼梯混凝土强度等级说明

③钢筋种类,如图 6.18 所示。

2.钢筋:

(1)Φ表示 HPB300 钢筋(Ⅰ级钢筋,f_y=270 N/mm²)

(2)亚表示 HRB400 钢筋(Ⅲ级钢筋,f_y=360 N/mm²)

图 6.18　宿舍楼工程钢筋符号

④混凝土保护层厚度,如图 6.19 所示。

钢筋所在部位	最小保护层厚度	备注
柱、梁	20 mm	卫生间等潮湿环境下 25 mm
楼板、屋面板下部及设有防水层的屋面上部、楼梯板	15 mm	卫生间等潮湿环境下 20 mm

图 6.19　宿舍楼工程混凝土保护层厚度说明

⑤钢筋接头形式,如图 6.20 所示。

2.钢筋接头形式及要求:

(1)水平钢筋接头:钢筋直径≤14 mm 的采用绑扎接头,直径 16～18 mm 的采用单面焊接10d,钢筋直径
　≥20 mm 的采用机械连接。竖向钢筋接头:钢筋直径≤14 mm 的采用绑扎接头,直径 16～20 mm 的
　采用电渣压力焊,钢筋直径≥22 mm 的采用机械连接。

(2)框架梁接头位置宜设置在受力较小处,在同一根钢筋上宜少设接头。

图 6.20　钢筋接头形式及要求说明

6.2.2　楼梯详图

楼梯详图见附图。识读楼梯详图可知,宿舍楼工程楼梯的类型有 ATa 型和 CTa 型两种。楼梯详图中的说明如图 6.21 所示。

说明:

1.本楼梯采用板式楼梯,本图采用楼梯平法标注;各梯板、平台板构造参见国家建筑标准设计图集
　22G101—2。

2.楼梯混凝土强度等级同本层楼板混凝土强度等级,图中尺寸单位为 mm。

3.未注明平面位置的梁,与柱边齐或中居轴线。

4.楼层梁、板配筋详各层梁、板配筋图。

5.梯梁与楼层梁相交部位,楼层梁两侧加密箍 2亚d@50,d 为该跨楼层梁箍筋直径。

6.未注明的梯板分布筋为亚8@200;平台板分布筋为亚8@200,所有板顶通筋须延伸至悬挑板端头。

7.每个踏步上表面配置 2亚8 分布筋。

8.楼梯构件抗震等级为四级。

图 6.21　楼梯详图中的说明

对以上信息进行汇总,得到与钢筋工程量计算有关的信息如下:宿舍楼工程中楼梯的混凝土强度等级为 C30,梯板的混凝土保护层厚度为 15 mm,梯梁的混凝土保护层厚度为 20 mm,梯板的钢筋均为 HRB400 级,本工程中楼梯梯板类型有 ATa 型和 CTa 型两种。

6.3　宿舍楼工程楼梯钢筋算量

6.3.1　ATa 型楼梯钢筋算量

1) ATa 型楼梯钢筋工程量计算公式

ATa 型板式楼梯梯板配筋为双层双向,上、下部纵筋通长设置,上端应满足抗震锚固长度 l_{aE},端部设置附加纵筋。ATa 型楼梯梯板配筋构造如图 6.22 所示,其三维示意图如图 6.23 所示。梯板的基本尺寸有:踏步段水平长(梯板跨度)l_{sn}、踏步段高度 H_s、梯板宽、梯板厚度 h、踏步宽度 b_s、踏步高度 h_s、梯梁宽度 b。需要计算的钢筋有上部纵筋、下部纵筋、分布筋及附加纵筋。

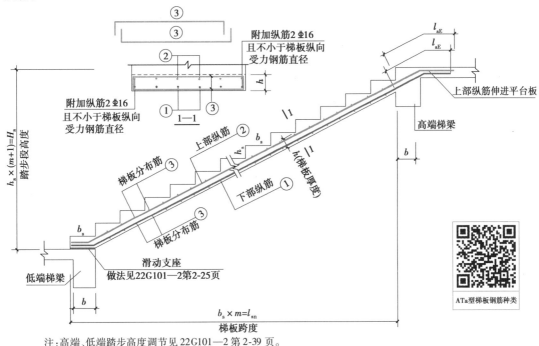

注:高端、低端踏步高度调节见22G101—2第2-39页。

图 6.22　ATa 型楼梯板配筋构造

（1）上部纵筋

梯板踏步段内斜放钢筋计算方法如下:

$$钢筋斜长 = 水平投影长 \times k$$

其中

$$斜坡系数\ k = \frac{\sqrt{{b_s}^2 + {h_s}^2}}{b_s}$$

上部纵筋单根长度 = b_s - 保护层厚度 + (踏步段水平长 l_{sn} - 踏步宽度 b_s) × 斜坡系数 + 锚固长度 l_{aE}

上部纵筋根数 = (梯板宽 - 2×保护层厚度) / 上部纵筋间距 - 1

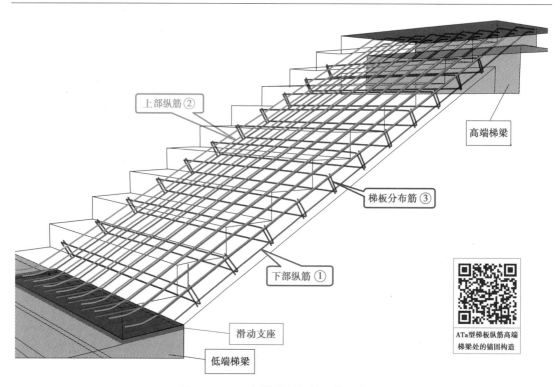

图 6.23　ATa 型楼梯板钢筋三维示意图

（2）下部纵筋

①当梯板下部纵筋伸入高端梯梁处平台板中锚固时，其计算公式如下：

下部纵筋单根长度 $= b_s - 2 \times$ 保护层厚度 $+$（踏步段水平长 l_{sn} $-$ 踏步宽度 b_s）$\times$ 斜坡系数 $+$ 锚固长度 l_{aE}

下部纵筋根数 $=$（梯板宽 $- 2 \times$ 保护层厚度）$/$ 下部纵筋间距 $- 1$

②当梯板下部纵筋无法伸入高端梯梁处平台板中锚固时，可将其锚入高端梯梁内，如图 6.24 所示，计算公式如下：

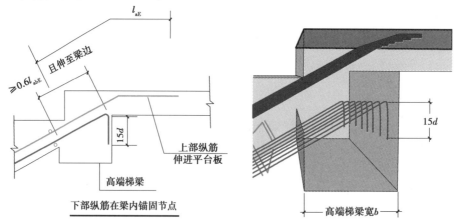

图 6.24　梯板下部纵筋在高端梯梁支座锚固做法

下部纵筋单根长度=b_s-2×保护层厚度+（踏步段水平长 l_{sn}-踏步宽度 b_s+

　　　　　　高端梯梁宽 b-梯梁保护层厚度）×斜坡系数+15d

根数计算同①。

（3）附加纵筋

上部附加钢筋的单根长度计算公式同上部纵筋,根数为2根。

下部附加钢筋的单根长度计算公式同下部纵筋,根数为2根。

（4）分布筋

梯板分布筋构造如图6.25所示。

分布筋单根长度=梯板宽度-2×保护层厚度+（梯板厚度 h-2×保护层厚度）×2-

　　　　　　90°弯折调整值×2

分布筋根数=｛[（踏步段水平长 l_{sn}-b_s）×斜坡系数-分布筋间距]/分布筋间距+1｝×2

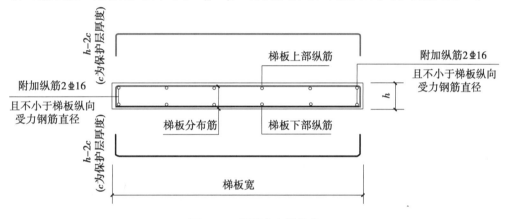

图6.25　梯板分布筋构造

2）ATa 型楼梯钢筋计算实例

计算宿舍楼工程中第二层 ATa1 梯板的钢筋工程量,如图6.26所示。已知梯板混凝土保护层厚度为15 mm,梯板混凝土强度等级为C30,抗震等级四级,钢筋为 HRB400 级,查表可知l_{aE}=35d。

梯板的尺寸如表6.3所示。

表6.3　ATa1 梯板尺寸表

名称	数值/mm	名称	数值/mm	名称	数值/mm
踏步段水平长 l_{sn}	2 430	踏步段高度 H_s	1 500	梯板宽	1 300
梯板厚度 h	100	踏步宽度 b_s	270	踏步高度 h_s	150
梯梁宽度 b	200	梯板保护层厚度	15	梯梁保护层厚度	20

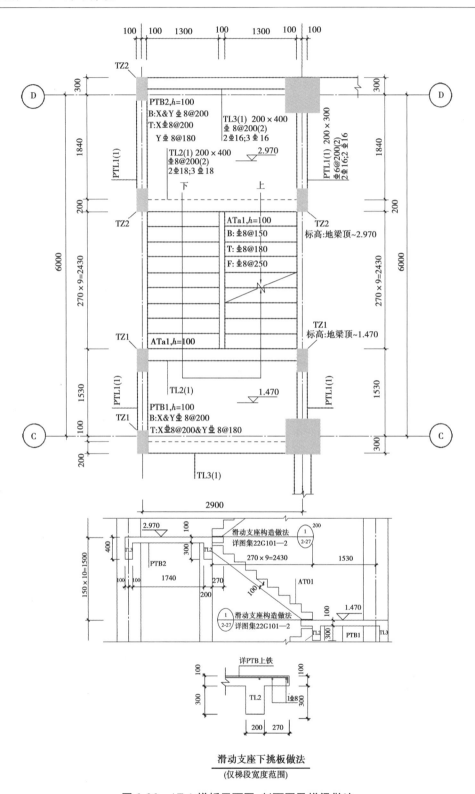

图 6.26　ATa1 梯板平面图、剖面图及梯梁做法

斜坡系数计算:

$$斜坡系数\ k=\frac{\sqrt{b_s{}^2+h_s{}^2}}{b_s}=\frac{\sqrt{270^2+150^2}}{270}=1.144$$

其钢筋工程量计算如表6.4所示。

表6.4 ATa1 钢筋工程量计算表

部位	名称	计算过程
上部纵筋	$\Phi8@180$	单根长度$=b_s-$保护层厚度$+($踏步段水平长$l_{sn}-$踏步宽度$b_s)\times$斜坡系数$+$锚固长度$l_{aE}=270-15+(2\,430-270)\times1.144+35\times8=3\,006.04(mm)$
		根数$=($梯板宽$-2\times$保护层厚度$)/$上部纵筋间距$-1=(1\,300-2\times15)/180-1=7($根$)$
下部纵筋	$\Phi8@150$	下部纵筋单根长度$=b_s-2\times$保护层厚度$+($踏步段水平长$l_{sn}-$踏步宽度$b_s)\times$斜坡系数$+$锚固长度$l_{aE}=270-15+(2\,430-270)\times1.144+35\times8=3\,006.04(mm)$
		根数$=($梯板宽$-2\times$保护层厚度$)/$下部纵筋间距$-1=(1300-2\times15)/150-1=8($根$)$
分布筋	$\Phi8@250$	单根长度$=$梯板宽$-2\times$保护层厚度$+($梯板厚度$h-2\times$保护层厚度$)\times2-90°$弯折调整值$\times2=1\,300-2\times15+(100-2\times15)\times2-2.08\times8\times2=1\,376.72(mm)$
		根数$=\{[($踏步段水平长$-b_s)\times$斜坡系数$-$分布筋间距$]/$分布筋间距$+1\}\times2=\{[(2\,430-270)\times1.144-250]/250+1\}\times2=20($根$)$
附加纵筋	$4\Phi16$	单根长度$=b_s-$保护层厚度$+($踏步段水平长$l_{sn}-$踏步宽度$b_s)\times$斜坡系数$+$锚固长度$l_{aE}=270-15+(2\,430-270)\times1.144+35\times16=3\,286.04(mm)$ 根数$=4$根
汇总	$\Phi8$	长度:$3\,006.04\times7+3\,006.04\times8+1\,376.72\times20=72\,625(mm)$
		质量:$0.395\times72.63=26.69(kg)$
	$\Phi16$	长度:$3\,286.04\times4=13\,144.16(mm)$
		质量:$1.58\times13.14=20.76(kg)$

6.3.2 CTa 型楼梯钢筋算量

1)CTa 型楼梯钢筋工程量计算公式

CTa 型板式楼梯梯板配筋为双层双向,上、下部纵筋通长设置,上端应满足抗震锚固长度 l_{aE},端部设置附加纵筋。CTa 型楼梯梯板配筋构造如图6.27所示。梯板的基本尺寸有:踏步段水平长 l_{sn}、高端平板长 l_{hn}、梯板跨度 l_n、梯梁宽度 b、踏步段高度 H_s、梯板宽、梯板厚度 h、踏步宽度 b_s、踏步高度 h_s、高端平台板厚度 h_t,其中 $l_n=l_{sn}+l_{hn}$。

(1)上部纵筋

上部纵筋单根长度$=b_s-$梯板保护层厚度$+($踏步段水平长 $l_{sn}-$踏步宽度 b_s+踏步宽度 $b_s)\times$

斜坡系数 k+高端平板长 $l_{hn}-b_s$+锚固长度 l_{aE}

=踏步段水平长 l_{sn}×斜坡系数 k+高端平板长 l_{hn}-梯板保护层厚度+

锚固长度 l_{aE}

其中,直锚时,锚固长度=l_{aE};弯锚时,锚固长度=梯梁宽度 b-梯梁保护层厚度+$15d-90°$弯折调整值。

上部纵筋根数=(梯板宽-2×保护层)/上部纵筋间距-1

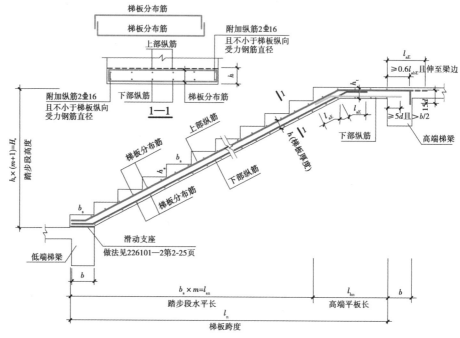

注:1.高端、低端踏步高度调整见22G101—2第2-39页。
　　2.h_t宜大于或等于h,由设计指定。未指定时$h_t=h$。

图6.27　CTa型楼梯梯板配筋构造

（2）下部纵筋

CTa 型梯板下部纵筋包含以下两部分:

①踏步段内梯板下部纵筋:

　下部纵筋单根长度=b_s-2×保护层厚度+踏步段水平长 l_{sn}×斜坡系数 k+锚固长度 l_{aE}

　下部纵筋根数=(梯板宽-2×保护层厚度)/下部纵筋间距-1

②高端平板内下部纵筋:

　　下部纵筋单根长度=锚固长度 l_{aE}+高端平板长 l_{hn}-踏步宽度 b_s+$\max(5d,b/2)$

根数计算同踏步段内梯板下部纵筋。

（3）附加纵筋

上部附加钢筋的单根长度计算公式同上部纵筋,根数为 2 根。

下部附加钢筋分为踏步段内下部纵筋和高端平板内下部纵筋,其单根长度计算公式同下部纵筋,根数均为 2 根。

（4）分布纵筋

CTa 型梯板的分布筋单根构造同 ATa 型梯板。其计算公式如下:

分布筋的单根长度=梯板宽-2×保护层厚度+(梯板厚度 h-2×保护层厚度)×2-
90°弯折调整值×2

$$分布筋根数 = \left[\frac{(l_{sn} \times 斜坡系数\ k + l_{hn} - b_s - 分布筋间距)}{分布筋间距} + 1 \right] \times 2 - 1$$

2) CTa 型楼梯钢筋计算实例

计算宿舍楼工程中 CTa3 梯板的钢筋工程量,如图 6.28 所示。梯板的尺寸如表 6.5 所示。查表知,$l_{aE} = 35d$。

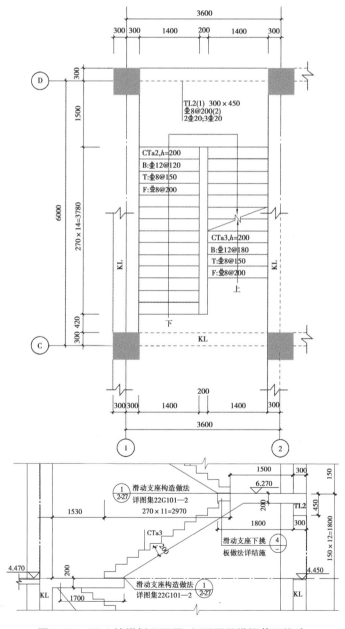

图 6.28 CTa3 楼梯板平面图、剖面图及梯梁截面构造

表 6.5　CTa3 梯板尺寸表

名称	数值/mm	名称	数值/mm	名称	数值/mm
踏步段水平长 l_{sn}	2 970	高端平板长 l_{hn}	1 500	踏步段高度 H_s	1 800
梯板宽	1 400	梯板厚度 h	200	踏步宽度 b_s	270
踏步高度 h_s	150	高端平台板厚度 h_t	200	梯梁宽度 b	300

斜坡系数的计算:

$$斜坡系数\ k = \frac{\sqrt{b_s^2 + h_s^2}}{b_s} = \frac{\sqrt{270^2 + 150^2}}{270} = 1.144$$

其钢筋工程量计算如表6.6所示。

表 6.6　CTa3 楼梯钢筋工程量计算表

部位	名称	计算
上部纵筋	⏀8@150	单根长=踏步段水平长 l_{sn}×斜坡系数 k+高端平板长 l_{hn}-保护层厚度+锚固长度 l_{aE} = 2 970×1.144+1 500-15+35×8=5 162.68(mm)
		根数=(梯板宽-2×保护层厚度)/上部纵筋间距-1=(1 400-2×15)/150-1=9(根)
下部纵筋	⏀12@180	单根长度=踏步段内单根长+高端平板内单根长=(b_s-2×保护层厚度+踏步段水平长 l_{sn}×斜坡系数 k+锚固长度 l_{aE})+[锚固长度 l_{aE}+高端平板长 l_{hn}-踏步宽度 b_s+max($5d,b/2$)]=[270-2×15+2 970×1.144+35×12]+[35×12+1 500-270+max(5×12,300/2)]=5 857.68(mm)
		根数=(梯板宽-2×保护层厚度)/下部纵筋间距-1=(1 400-2×15)/180-1=7(根)
分布筋	⏀8@200	单根长度=梯板宽-2×保护层厚度+(梯板厚度 h-2×保护层厚度)×2-90°弯折调整值×2=1 400-2×15+(200-2×15)×2-2.08×8×2=1 676.72(mm)
		分布筋根数=[(l_{sn}×斜坡系数 k+l_{hn}-b_s-分布筋间距)/分布筋间距+1]×2-1=[(2 970×1.144+1 200-270-200)/200+1]×2-1=43(根)
附加纵筋	上部 2⏀16	单根长度=踏步段水平长 l_{sn}×斜坡系数 k+高端平板长 l_{hn}-保护层厚度+锚固长度 l_{aE} = 2 970×1.144+1 500-15+35×16=5 442.68(mm)根数=2(根)
	下部 2⏀16	单根长度=踏步段内单根长+高端平板内单根长=[b_s-2×保护层厚度+(踏步段水平长 l_{sn}-踏步宽度 b_s+踏步宽度 b_s)×斜坡系数 k+锚固长度 l_{aE}]+[锚固长度 l_{aE}+高端平板长 l_{hn}-踏步宽度 b_s+max($5d,b/2$)]=[270-2×15+2 970×1.144+35×16]+[35×16+1 500-270+max(5×16,300/2)]=6 137.68(mm)根数=2(根)
汇总	⏀8	长度:5 162.68×9+1 676.72×43=118 563.08(mm)
		质量:0.395×118.56=46.83(kg)
汇总	⏀12	长度:5 857.68×7=41 003.76(mm)
		质量:0.888×41.0=36.41(kg)

续表

部位	名称	计算
汇总	⏀16	长度:5 442.68×2+6 137.68×2=23 160.72(mm)
		质量:1.58×23.16=36.69(kg)

本章小结

本章介绍了板式楼梯的种类,构建了板式楼梯的三维示意图;解读了板式楼梯的注写方式;识读了宿舍楼工程板式楼梯钢筋图;针对宿舍楼工程中涉及的楼梯类型即 ATa 型和 CTa 型楼梯,构建了 ATa 型楼梯的钢筋三维模型,列出了钢筋工程量的计算公式,并将公式应用于宿舍楼工程楼梯的钢筋工程量计算。

课后练习

1.现浇板式楼梯有多少种类? 分别是什么?

2.ATa 型楼梯和 CTa 型楼梯梯板分别有什么特点?

3.计算宿舍楼工程中 CTa2 梯板的钢筋工程量,宿舍楼工程中 CTa2 梯板平面图见图 6.28,其剖面图如图 6.29 所示。

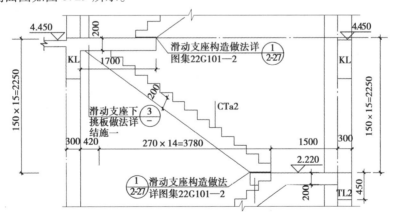

图 6.29 CTa2 梯板剖面图

7 基础钢筋识图与算量

7.1 基础钢筋识图

依据 22G101—3 图集,基础包括现浇混凝土独立基础、条形基础、筏形基础(分为梁板式和平板式)、桩基础。

7.1.1 独立基础钢筋识图

独立基础主要分为普通独立基础和杯口独立基础,如表 7.1 所示。普通独立基础,基础顶面设置结构柱子,柱子钢筋一般插入基础内部;杯口独立基础,基础施工完毕,杯口处插入柱子,浇筑混凝土与基础连接。

表 7.1 独立基础的类型

类型	基础底板截面形状	图例		代号	序号
普通独立基础	阶形	阶形普通独立基础	锥形普通独立基础	DJj	××
	锥形			DJz	××
杯口独立基础	阶形	阶形杯口独立基础	锥形杯口独立基础	BJj	××
	锥形			BJz	××

独立基础平法施工图有平面注写、截面注写和列表注写 3 种表达方式,设计者可以根据具体工程情况选择一种,或两种方式相结合进行独立基础的施工图设计。

1)独立基础平面注写

独立基础的平面注写方式分为集中标注和原位标注两部分内容。集中标注表达通用数值,原位标注表达特殊数值。独立基础集中标注示例如表 7.2 所示。

表 7.2 普通独立基础集中标注示例

独立基础示例	解读图例	三维示意图
DJj××,h_1/h_2 B:XΦ××@××× YΦ××@××× DZ 4Φ20/5Φ18/5Φ18 Φ10@100 −2.500~−0.050	DJj××,h_1/h_2 独基阶形,××编号,如 1,2,3 等; 阶 1 高度/阶 2 高度 B:XΦ××@××× 　　YΦ××@××× B:独立基础底板的底部配筋 X:x 向配筋 Y:y 向配筋 X&Y:x 和 y 向配筋相同时,Φ××@××,如 Φ12@150 表示直径 12 mm 的 HRB400 钢筋,间距 150 mm	
	DZ 4Φ20/5Φ18/5Φ18 　　Φ10@100 　　−2.500~−0.050 纵筋:角筋为 4 根直径 20mm 的 HRB400 钢筋;x 边一侧中部钢筋/y 边一侧中部钢筋为 5 根直径 18 mm 的 HRB400 钢筋 Φ10@100:直径 10 mm 的 HPB300 箍筋,间距 100 mm −2.500~−0.05:短柱的起点和终点标高	

(1)集中标注

普通独立基础和杯口独立基础的集中标注,系在基础平面布置图上集中引注基础编号、截面竖向尺寸、配筋三项必注内容,以及基础底面标高(与基础底面基准标高不同时)和必要的文字注解两项选注内容,如表 7.2 所示。

素混凝土普通独立基础的集中标注,除无基础配筋内容外,均与钢筋混凝土普通独立基础相同。

独立基础集中标注的具体内容规定如下:

①注写独立基础编号(必注内容),编号由代号和序号组成,应符合表 7.1 的规定。

②注写独立基础截面竖向尺寸(必注内容)。

A.普通独立基础。注写 $h_1/h_2/\cdots\cdots$,具体标注为:

a.当基础为阶形截面时,见示意图7.1。

【例】当阶形截面普通独立基础DJj××的竖向尺寸注写为400/300/300时,表示 $h_1=400$ mm, $h_2=300$ mm, $h_3=300$ mm,基础底板总高度为1 000 mm。

上例及图7.1为三阶;当为更多阶时,各阶尺寸自下而上用斜线"/"分隔顺写。

当基础为单阶时,其竖向尺寸仅为一个,即为基础总高度,见示意图7.2。

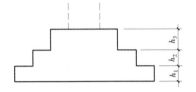

图7.1　阶形截面普通独立基础竖向尺寸　　　图7.2　单阶普通独立基础竖向尺寸

b.当基础为锥形截面时,注写为 h_1/h_2,见示意图7.3。

【例】当锥形截面普通独立基础DJz××的竖向尺寸注写为350/300时,表示 $h_1=350$ mm, $h_2=300$ mm,基础底板总高度为650 mm。

B.杯口独立基础。

a.当基础为阶形截面时,其竖向尺寸分两组,一组表达杯口内,另一组表达杯口外,两组尺寸以","分隔,注写为: $a_0/a_1,h_1/h_2/\cdots\cdots$,其含义见示意图7.4,其中 a_0 为杯口深度。

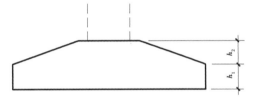

图7.3　锥形截面普通独立基础竖向尺寸

b.当基础为锥形截面时,注写为: $a_0/a_1,h_1/h_2/h_3/\cdots\cdots$,其含义见示意图7.4。

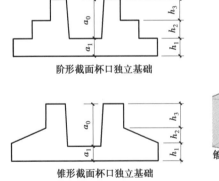

阶形截面杯口独立基础

锥形截面杯口独立基础

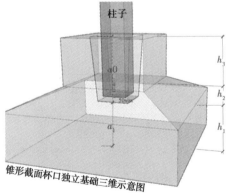

锥形截面杯口独立基础三维示意图

图7.4　杯口独立基础竖向尺寸及其三维示意图

③注写独立基础配筋(必注内容)。

A.注写独立基础底板配筋。普通独立基础和杯口独立基础的底部双向配筋注写规定如下:

a.以 B 代表独立基础底板的底部配筋。

b. x 向配筋以 X 打头, y 向配筋以 Y 打头注写;当两向配筋相同时,则以 X&Y 打头注写。

【例】当独立基础底板配筋标注为"B:X Φ 16@ 150,Y Φ 6 @200",表示基础底板底部配置 HRB400 钢筋,x 向钢筋直径为 16 mm,间距 150 mm;y 向钢筋直径为 16 mm,间距 200 mm,见示意图 7.5。

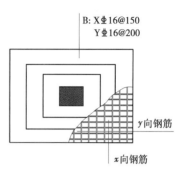

B. 注写杯口独立基础顶部焊接钢筋网。以 Sn 打头引注杯口顶部焊接钢筋网的各边钢筋。

【例】当单杯口独立基础顶部焊接钢筋网标注为 Sn 2 Φ 14,表示杯口顶部每边配置 2 根 HRB400 级直径为 14 mm 的焊接钢筋网,见示意图 7.6。

图 7.5 独立基础底板底部双向配筋示意图

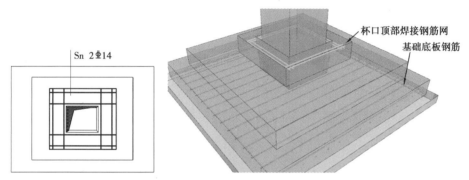

图 7.6 单杯口独立基础顶部焊接钢筋网及三维示意图

【例】当双杯口独立基础顶部钢筋网标注为 Sn 2 Φ 16,表示杯口每边和双杯口中间杯壁的顶部均配置 2 根 HRB400 级直径为 16 mm 的焊接钢筋网,见示意图 7.7(本图只表示钢筋网)。

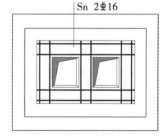

C. 注写高杯口独立基础的短柱配筋(亦适用于杯口独立基础杯壁有配筋的情况)。具体注写规定如下:

a. 以 O 代表短柱配筋。

b. 先注写短柱纵筋,再注写箍筋。注写为:角筋/x 边中部筋/y 边中部筋,箍筋(两种间距,短柱杯壁内箍筋间距/短柱其他部位箍筋间距)。

图 7.7 双杯口独立基础顶部焊接钢筋网示意图

c. 对于双高杯口独立基础的短柱配筋,注写形式与单高杯口相同。

D. 注写普通独立基础带短柱竖向尺寸及钢筋。当独立基础埋深较大,设置短柱时,短柱配筋应注写在独立基础中。具体注写规定如下:

a. 以 DZ 代表普通独立基础短柱。

b. 先注写短柱纵筋,再注写箍筋,最后注写短柱标高范围。注写为:角筋/x 边中部筋/y 边中部筋,箍筋,短柱标高范围。

④注写基础底面标高(选注内容)。当独立基础的底面标高与基础底面基准标高不同时,应将独立基础底面标高直接注写在"( )"内。

⑤必要的文字注解(选注内容)。当独立基础的设计有特殊要求时,宜增加必要的文字注

解。例如,基础底板配筋长度是否采用减短方式等,可在该项内注明。

（2）原位标注

钢筋混凝土和素混凝土独立基础的原位标注,系在基础平面布置图上标注独立基础的平面尺寸。对相同编号的基础,可选择一个进行原位标注;当平面图形较小时,可将所选定进行原位标注的基础按比例适当放大;其他相同编号者仅注编号。

原位标注的具体内容规定如下:

①普通独立基础。原位标注 x、y, x_i、y_i, $i=1,2,3\cdots\cdots$。其中,x、y 为普通独立基础两向边长,x_i、y_i 为阶宽或锥形平面尺寸(当设置短柱时,尚应标注短柱对轴线的定位情况,用 X_{DZi} 表示)。

对称锥形截面普通独立基础的原位标注及其三维示意图如图 7.8 所示。

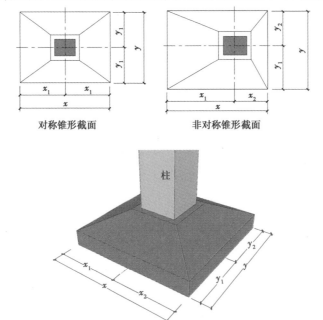

图 7.8　锥形截面普通独立基础原位标注及其三维示意图

对称阶形截面普通独立基础的原位标注、非对称阶形截面普通独立基础的原位标注、带短柱独立基础的原位标注,如图 7.9 所示。

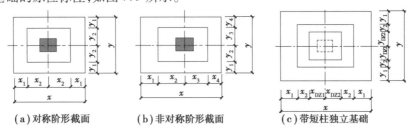

（a）对称阶形截面　　（b）非对称阶形截面　　（c）带短柱独立基础

图 7.9　阶形截面独立基础原位标注

②杯口独立基础。原位标注 x、y,x_u、y_u,x_{ui}、y_{ui},t_i,x_i、y_i, $i=1,2,3\cdots\cdots$。其中,x、y 为杯口独立基础两向边长,x_u、y_u 为杯口上口尺寸,x_{ui}、y_{ui} 为杯口上口边到轴线的尺寸,t_i 为杯壁上口厚度,下口厚度为 t_i+25 mm,x_i、y_i 为阶宽或锥形截面尺寸。

杯口上口尺寸 x_u、y_u，按柱截面边长两侧双向各加 75 mm；杯口下口尺寸按标准构造详图（为插入杯口的相应柱截面边长尺寸，每边各加 50 mm），设计不注。

阶形截面杯口独立基础的原位标注，如图 7.10 所示。高杯口独立基础原位标注与杯口独立基础完全相同。

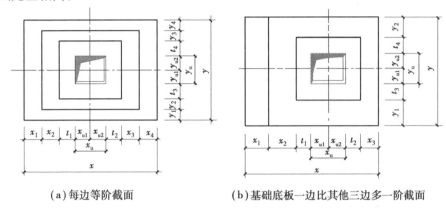

(a) 每边等阶截面　　　　(b) 基础底板一边比其他三边多一阶截面

图 7.10　阶形截面杯口独立基础原位标注

锥形截面杯口独立基础的原位标注及其三维示意图如图 7.11 所示。高杯口独立基础的原位标注与杯口独立基础完全相同。

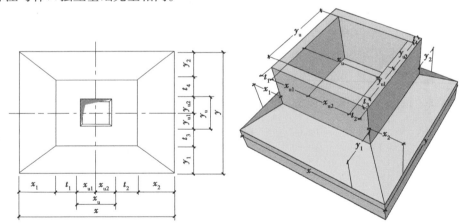

图 7.11　锥形截面杯口独立基础原位标注及其三维示意图

(3) 多柱独立基础平面注写

独立基础通常为单柱独立基础，也可为多柱独立基础（双柱或四柱等）。多柱独立基础的编号、几何尺寸和配筋的标注方法与单柱独立基础相同。

当为双柱独立基础且柱距较小时，通常仅配置基础底部钢筋；当柱距较大时，除基础底部配筋外，尚需在两柱间配置基础顶部钢筋或设置基础梁；当为四柱独立基础时，通常可设置两道平行的基础梁，需要时可在两道基础梁之间配置基础顶部钢筋。

多柱独立基础顶部配筋和基础梁的注写规定如下：

①注写双柱独立基础底板顶部配筋。双柱独立基础的顶部配筋，通常对称分布在双柱中心线两侧。以大写字母 T 打头，注写为：双柱间纵向受力钢筋/分布钢筋。当纵向受力钢筋在

基础底板顶面非满布时,应注明其总根数,如图7.12所示。

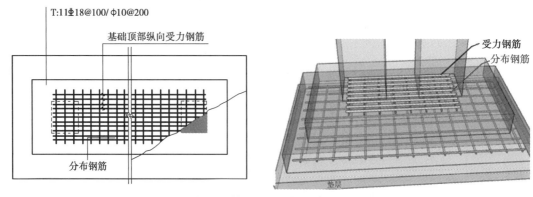

图7.12 双柱独立基础底板顶部配筋及三维示意图

【例】T:11⊕18@100/φ10@200,表示独立基础顶部配置 HRB400 纵向受力钢筋,直径为 18 mm,设置 11 根,间距 100 mm;配置 HPB300 分布筋,直径为 10 mm,间距 200 mm,如图 7.13 所示。

②注写双柱独立基础的基础梁配筋。当双柱独立基础为基础底板与基础梁相结合时,注写基础梁的编号、几何尺寸和配筋。如 JL××(1)表示该基础梁为 1 跨,两端无外伸;JL××(1A)表示该基础梁为 1 跨,一端有外伸;JL××(1B)表示该基础梁为 1 跨,两端均有外伸。

③注写双柱独立基础的底板配筋。双柱独立基础底板配筋的注写,可以按条形基础底板的注写规定(详见条形基础底板的相关内容),也可以按独立基础底板的注写规定。

④注写配置两道基础梁的四柱独立基础底板顶部配筋。当四柱独立基础已设置两道平行的基础梁时,根据内力需要,可在双梁之间及梁的长度范围内配置基础顶部钢筋,注写为:梁间受力钢筋/分布钢筋。

【例】T: ⊕16@120/φ10@200,表示在四柱独立基础顶部两道基础梁之间配置 HRB400 钢筋,直径为 16 mm,间距 120 mm;分布筋为 HPB300 钢筋,直径为 10 mm,间距 200 mm,如图 7.13 所示。

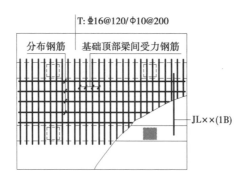

图7.13 四柱独立基础底板顶部基础梁间配筋注写示意图

2）独立基础截面注写

独立基础采用截面注写方式，应在基础平面布置图上对所有基础进行编号，标注独立基础的平面尺寸，并用剖面号引出对应的截面图；对相同编号的基础，可选择一个进行标注，见表7.1。

对单个基础进行截面标注的内容和形式，与传统"单构件正投影表示方法"基本相同。对于已经在基础平面布置图上原位标注清楚的该基础的平面几何尺寸，在截面图上可不再重复表达。

3）独立基础列表注写

独立基础采用列表注写方式，应在基础平面布置图上对所有基础进行编号。

对多个同类基础，可采用列表注写（结合平面和截面示意图）的方式进行集中表达。表中内容为基础截面的几何数据和配筋等，在平面和截面示意图上应标注与表中栏目相对应的代号。列表的具体内容规定如下：

（1）普通独立基础

①编号：应符合表7.1的规定。

②几何尺寸：水平尺寸x、y、x_i、y_i，$i=1,2,3\cdots\cdots$；竖向尺寸$h_1/h_2/\cdots\cdots$。

③配筋：B：X $\Phi\times\times$@ $\times\times\times$，Y $\Phi\times\times$@ $\times\times\times$。

普通独立基础列表格式如表7.3所示。

表7.3 普通独立基础几何尺寸和配筋表

基础编号/截面号	截面几何尺寸						底部钢筋（B）	
	x	y	x_i	y_i	h_1	h_2	x 向	y 向

注：①表中可根据实际情况增加栏目。例如：当基础底面标高与基础底面基准标高不同时，加注基础底面标高；当为双柱独立基础时，加注基础顶部配筋或基础梁几何尺寸和配筋；当设置短柱时增加短柱尺寸及配筋等。

②平面和截面示意图参见"独立基础平面注写"的相关规定。

（2）杯口独立基础

①编号：应符合表7.1的规定。

②几何尺寸：水平尺寸x、y、x_u、y_u、x_{ui}、y_{ui}、t_i、x_i、y_i，$i=1,2,3\cdots\cdots$；竖向尺寸a_0、a_1，$h_1/h_2/h_3/\cdots\cdots$。

③配筋：B：X $\Phi\times\times$@ $\times\times\times$，Y $\Phi\times\times$@ $\times\times\times$，Sn$\times$@ $\times\times$。

　　　　O $\times\Phi\times\times/\times\Phi\times\times/\times\Phi\times\times$，$\Phi\times\times$@ $\times\times\times/\times\times\times$。

杯口独立基础列表格式如表7.4所示。

表 7.4 杯口独立基础几何尺寸和配筋表

基础编号/ 截面号	截面几何尺寸								底部钢筋 (B)		杯口顶部 钢筋网(Sn)	短柱配筋(O)	
	x	y	x_i	y_i	a_0	a_1	h_1	h_2	x 向	y 向		角筋/x 边 中部筋/y 边 中部筋	杯口壁箍 筋/其他部 位箍筋

注:①表中可根据实际情况增加栏目。如当基础底面标高与基础底面基准标高不同时,加注基础底面标高或增加
　　　说明栏目等。
　　②短柱配筋适用于高杯口独立基础,并适用于杯口独立基础杯壁有配筋的情况。

7.1.2　条形基础钢筋识图

　　条形基础分为梁板式条形基础和板式条形基础两类。条形基础平法施工图有平面注写和列表注写两种表达方式。基础梁及条形基础底板编号如表 7.5 所示。

表 7.5　基础梁及条形基础底板编号

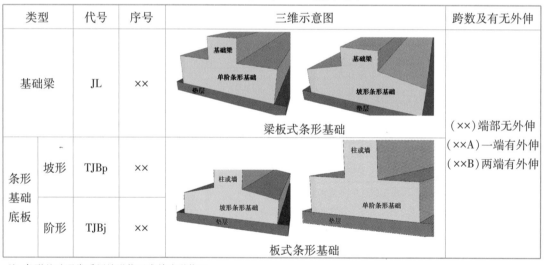

类型		代号	序号	三维示意图	跨数及有无外伸
基础梁		JL	××	梁板式条形基础	（××）端部无外伸 （××A）一端有外伸 （××B）两端有外伸
条形 基础 底板	坡形	TJBp	××	板式条形基础	
	阶形	TJBj	××		

注:条形基础通常采用坡形截面或单阶形截面。

1)基础梁的平面注写方式

　　基础梁的平面注写方式分集中标注和原位标注两部分内容,当集中标注的某项数值不适用于基础梁的某部位时,则将该项数值原位标注,施工时原位标注优先。

　　(1)基础梁的集中标注

　　基础梁的集中标注内容为基础梁编号、截面尺寸、配筋三项必注内容,以及基础梁底面标高(与基础底面基准标高不同时)和必要的文字注解两项选注内容。具体规定如下:

①注写基础梁编号(必注内容),应符合表 7.5 的规定。

②注写基础梁截面尺寸(必注内容)。注写 $b×h$,表示梁截面宽度与高度。当为竖向加腋梁时,用 $b×h$ $Yc_1×c_2$ 表示,其中 c_1 为腋长,c_2 为腋高。

③注写基础梁配筋(必注内容)。

A.注写基础梁箍筋:

a.当具体设计仅采用一种箍筋间距时,注写钢筋种类、直径、间距与肢数(箍筋肢数写在括号内,下同)。

b.当具体设计采用两种箍筋时,用斜线"/"分隔不同箍筋,按照从基础梁两端向跨中的顺序注写。先注写第 1 段箍筋(在前面加注箍筋道数),在斜线后再注写第 2 段箍筋(不再加注箍筋道数)。

【例】9⚕16@100/⚕16@200(6),表示配置两种间距的 HRB400 箍筋,直径为 16 mm,从梁两端起向跨内按箍筋间距 100 mm 每端各设置 9 道,梁其余部位的箍筋间距为 200 mm,均为 6 肢箍。

B.注写基础梁底部、顶部及侧面纵向钢筋:

a.以 B 打头,注写梁底部贯通纵筋(不应少于梁底部受力钢筋总截面面积的 1/3)。当跨中所注根数少于箍筋肢数时,需要在跨中增设梁底部架立筋以固定箍筋,采用"+"将贯通纵筋与架立筋相连,架立筋注写在加号后面的括号内。

b.以 T 打头,注写梁顶部贯通纵筋。注写时用分号";"将底部与顶部贯通纵筋分隔开,如有个别跨与其不同者按原位注写的规定处理。

c.当梁底部或顶部贯通纵筋多于一排时,用"/"将各排纵筋自上而下分开。

【例】B:4⚕25;T:12⚕25 7/5,表示梁底部配置贯通纵筋为 4⚕25;梁顶部配置贯通纵筋上一排为 7⚕25,下一排为 5⚕25,共 12⚕25。

d.以大写字母 G 打头注写梁两侧面对称设置的纵向构造钢筋的总配筋值(当梁腹板高度 h_w 不小于 450 mm 时,根据需要配置)。

当需要配置抗扭纵向钢筋时,梁两个侧面设置的抗扭纵向钢筋以 N 打头。

④注写基础梁底面标高(选注内容)。当条形基础的底面标高与基础底面基准标高不同时,将条形基础底面标高注写在"( )"内。

⑤必要的文字注解(选注内容)。当基础梁的设计有特殊要求时,宜增加必要的文字注解。

(2)基础梁的原位标注

①基础梁支座的底部纵筋,系指包含贯通纵筋与非贯通纵筋在内的所有纵筋。

a.当底部纵筋多于一排时,用"/"将各排纵筋自上而下分开。

b.当同排纵筋有两种直径时,用"+"将两种直径的纵筋相连,注写时角筋写在前面。

c.当梁支座两边的底部纵筋配置不同时,需在支座两边分别标注;当梁支座两边的底部纵筋相同时,可仅在支座的一边标注。

d.当梁支座底部全部纵筋与集中注写过的底部贯通纵筋相同时,可不再重复做原位标注。

e.竖向加腋梁加腋部位钢筋,需在设置加腋的支座处以 Y 打头注写在括号内。

【例】竖向加腋梁端(支座)处注写为 Y4$\underline{\Phi}$25,表示竖向加腋部位斜纵筋为 4$\underline{\Phi}$25。

②原位注写基础梁的附加箍筋或(反扣)吊筋。当两向基础梁十字交叉,但交叉位置无柱时,应根据需要设置附加箍筋或(反扣)吊筋。

将附加箍筋或(反扣)吊筋直接画在平面图中条形基础主梁上,原位直接引注总配筋值(附加箍筋的肢数注在括号内)。当多数附加箍筋或(反扣)吊筋相同时,可在条形基础平法施工图上统一注明。少数与统一注明值不同时,在原位直接引注。

③原位注写基础梁外伸部位的变截面高度尺寸。当基础梁外伸部位采用变截面高度时,在该部位原位注写 $b \times h_1/h_2$,h_1 为根部截面高度,h_2 为尽端截面高度。

④原位注写修正内容。当在基础梁上集中标注的某项内容(如截面尺寸、箍筋、底部与顶部贯通纵筋或架立筋、梁侧面纵向构造钢筋、梁底面标高等)不适用于某跨或某外伸部位时,将其修正内容原位标注在该跨或该外伸部位,施工时原位标注取值优先。当在多跨基础梁的集中标注中已注明竖向加腋,而该梁某跨根部不需要竖向加腋时,则应在该跨原位标注截面尺寸 $b \times h$,以修正集中标注中的竖向加腋要求。

基础梁集中标注和原位标注示意如图 7.14 所示,解读示例如表 7.6 所示。

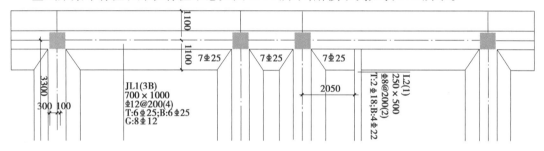

图 7.14　基础梁集中标注和原位标注示意

表 7.6　基础梁集中标注和原位标注示例

基础梁注写示例	解读图例标注
JL1(3B)集中标注	JL1(3B):1 号基础梁,3 跨,两端有外伸 700×1 000:截面宽为 700 mm,截面高为 1 000 mm $\underline{\Phi}$12@200(4):箍筋为直径 12 mm 的 HRB400 钢筋,箍筋间距 200 mm,4 肢箍 T:6$\underline{\Phi}$25:顶部贯通筋,6 根直径 25 mm 的 HRB400 钢筋 B:6$\underline{\Phi}$25:底部贯通筋,6 根直径 25 mm 的 HRB400 钢筋 G8$\underline{\Phi}$12:侧面构造钢筋,每侧配置纵向构造钢筋 4$\underline{\Phi}$12,共配置 8$\underline{\Phi}$12
JL1(3B)原位标注	第一跨 7$\underline{\Phi}$25:表示第一跨右支座底部纵筋共 7 根直径 25 mm 的 HRB400 钢筋,包括贯通筋与非贯通筋在内的全部数量 第二跨 7$\underline{\Phi}$25:表示第二跨整跨下部纵筋共 7 根 HRB400 钢筋 第三跨 7$\underline{\Phi}$25:表示第三跨左支座底部纵筋共 7 根 HRB400 钢筋,包括贯通筋与非贯通筋在内的全部数量

2)条形基础底板的平面注写

条形基础底板 TJBp、TJBj 的平面注写方式分集中标注和原位标注两部分内容。

(1)条形基础底板的集中标注

条形基础底板的集中标注内容为条形基础底板编号、截面竖向尺寸、配筋三项必注内容，以及条形基础底板底面标高(与基础底面基准标高不同时)、必要的文字注解两项选注内容，如图 7.15 所示。

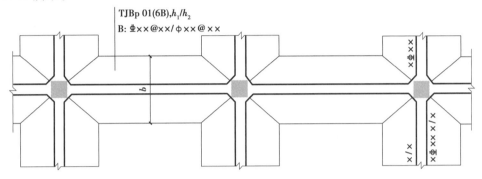

图 7.15　条形基础标注示意图

素混凝土条形基础底板的集中标注，除无底板配筋内容外，与钢筋混凝土条形基础底板相同。具体规定如下：

①注写条形基础底板编号(必注内容)，编号由代号和序号组成，应符合表 7.5 的规定。

②注写条形基础底板截面竖向尺寸(必注内容)。注写 $h_1/h_2/\cdots\cdots$，具体标注为：

a. 当条形基础底板为坡形截面时，注写为 h_1/h_2，见示意图 7.16。

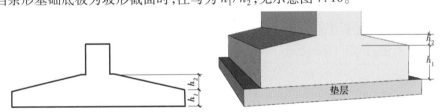

图 7.16　条形基础底板坡形截面竖向尺寸及三维示意图

b. 当条形基础底板为阶形截面时，单阶示意见图 7.17。当为多阶时，各阶尺寸自下而上以"/"分隔顺写。

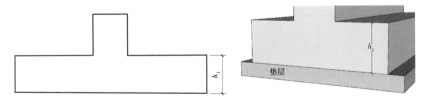

图 7.17　单阶条形基础底板截面竖向尺寸及其三维示意图

③注写条形基础底板底部及顶部配筋(必注内容)。以 B 打头，注写条形基础底板底部的横向受力钢筋；以 T 打头，注写条形基础底板顶部的横向受力钢筋；注写时，用"/"分隔条形基础底板的横向受力钢筋与纵向分布钢筋，见示意图 7.18 和图 7.19。

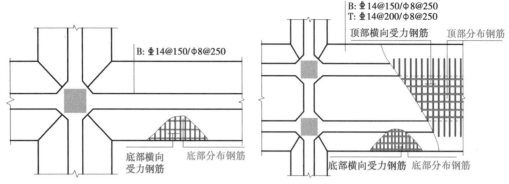

图 7.18 条形基础底板底部配筋示意图 图 7.19 双梁条形基础底板配筋示意图

【例】当条形基础底板配筋标注为:B:⸺14@150/φ8@250,表示条形基础底板底部配置 HRB400 横向受力钢筋,直径为 14 mm,间距 150 mm;配置 HPB300 纵向分布钢筋,直径为 8 mm,间距 250 mm,见示意图 7.18。

【例】当为双梁(或双墙)条形基础底板时,除在底板底部配置钢筋外,一般尚需在两根梁或两道墙之间的底板顶部配置钢筋,其中横向受力钢筋的锚固长度 l_a 从梁的内边缘(或墙内边缘)起算,见示意图 7.19。

④注写条形基础底板底面标高(选注内容)。当条形基础底板的底面标高与条形基础底面基准标高不同时,应将条形基础底板底面标高注写在"( )"内。

⑤必要的文字注解(选注内容)。当条形基础底板有特殊要求时,应增加必要的文字注解。

(2)条形基础底板的原位标注

①原位注写条形基础底板的平面定位尺寸。原位标注 b、b_i,$i=1,2,3\cdots\cdots$。其中,b 为基础底板总宽度,b_i 为基础底板台阶的宽度。当基础底板采用对称于基础梁的坡形截面或单阶形截面时,b_i 可不注,如图 7.20 所示。

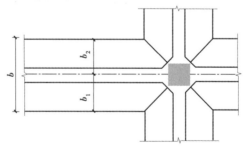

图 7.20 条形基础底板平面尺寸原位标注

②原位注写修正内容。当在条形基础底板上集中标注的某项内容,如底板截面竖向尺寸、底板配筋、底板底面标高等,不适用于条形基础底板的某跨或某外伸部分时,可将其修正内容原位标注在该跨或该外伸部位,施工时原位标注取值优先。

3) 条形基础的列表注写

采用列表注写方式,应在基础平面布置图上对所有条形基础进行编号,编号原则见表7.5。

对多个条形基础可采用列表注写(结合截面示意图)的方式进行集中表达。表中内容为

条形基础截面的几何数据和配筋,截面示意图上应标注与表中栏目相对应的代号。列表的具体内容规定如下:

（1）基础梁

基础梁列表集中注写栏目为:

①编号:注写 JL××(××)、JL××(××A)或 JL××(××B)。

②几何尺寸:梁截面宽度与高度 $b \times h$。当为竖向加腋梁时,注写 $b \times h$ Y$c_1 \times c_2$,其中 c_1 为腋长,c_2 为腋高。

③配筋:注写基础梁底部贯通纵筋+非贯通纵筋,顶部贯通纵筋,箍筋。当设计为两种箍筋时,箍筋注写为:第一种箍筋/第二种箍筋。第一种箍筋为梁端部箍筋,注写内容包括箍筋的箍数、钢筋种类、直径、间距与肢数。

基础梁列表格式如表7.7所示。

表7.7　基础梁几何尺寸和配筋表

基础梁截面/截面号	截面几何尺寸		配筋	
	$b \times h$	竖向加腋 $c_1 \times c_2$	底部贯通纵筋+非贯通纵筋,顶部贯通纵筋	第一种箍筋/第二种箍筋

注:表中可根据实际情况增加栏目,如增加基础梁底面标高等。表中非贯通纵筋需配合原位标注使用。

（2）条形基础底板

条形基础底板列表集中注写栏目为:

①编号:坡形截面编号为 TJBp××(××)、TJBp××(××A)或 TJBp××(××B),阶形截面编号为 TJBj××(××)、TJBj××(××A)或 TJBj××(××B)。

②几何尺寸:水平尺寸 b、b_i,$i=1,2,……$;竖向尺寸 h_1/h_2。

③配筋:B:Φ××@×××/Φ××@×××。

条形基础底板列表格式如表7.8所示。

表7.8　条形基础底板几何尺寸和配筋表

基础底板编号/截面号	截面几何尺寸			底部配筋（B）	
	b	b_i	h_1/h_2	横向受力钢筋	纵向分布钢筋

注:表中可根据实际情况增加栏目,如增加上部配筋、基础底板底面标高(与基础底板底面基准标高不一致时)等。

7.1.3　筏形基础钢筋识图

筏形基础分为梁板式筏形基础和平板式筏形基础。二者主要区别是前者有肋梁,后者无肋梁。

1)梁板式筏形基础平法识图

梁板式筏形基础平法施工图,系在基础平面布置图上采用平面注写方式进行表达。梁板式筏形基础由基础主梁、基础次梁、基础平板等构成,编号按表7.9的规定。

根据基础梁底面与基础平板底面的标高高差,可以确定其"高板位"(梁顶与板顶一平)、"低板位"(梁底与板底一平)以及"中板位"(板在梁的中部)3种不同位置组合的筏形基础。

梁板式筏形基础主梁与条形基础梁编号与标准构造详图一致。

(1)基础主梁与基础次梁的平面注写方式

梁板式筏形基础梁的平面注写规则如图7.21所示,分集中标注和原位标注两部分内容。

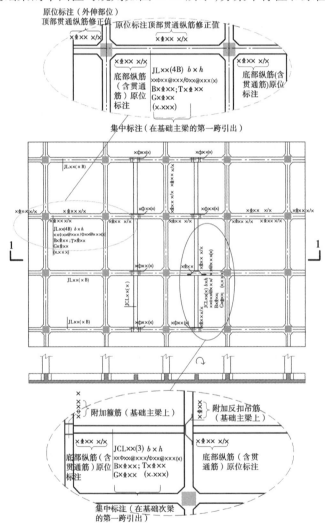

图7.21 梁板式筏形基础梁的平面注写规则

①集中标注。基础主梁 JL 与基础次梁 JCL 的集中标注内容为基础梁编号、截面尺寸、配筋三项必注内容,以及基础梁底面标高高差(相对于筏形基础平板底面标高)一项选注内容。具体规定如下:

a.注写基础梁的编号,如表7.9所示。

表 7.9 梁板式筏形基础构件类型及其三维示意图

构件类型	代号	序号	跨数及有无外伸	三维示意图
基础主梁（柱下）	JL	××	（××）或（××A）或（××B）	
基础次梁	JCL	××	（××）或（××A）或（××B）	
梁板式筏形基础平板	LPB	××	—	

注：①（××A）为一端有外伸，（××B）为两端有外伸，外伸不计入跨数。

②梁板式筏形基础平板跨数及是否有外伸分别在 x、y 两向的贯通纵筋之后表达。图面从左至右为 x 向，从下至上为 y 向。

③基础次梁 JCL 表示端支座为铰接；当基础次梁 JCL 端支座下部钢筋为充分利用钢筋的抗拉强度时，用 JCLg 表示。

b.注写基础梁的截面尺寸，与条形基础中基础梁的平面注写规则基本相同。

c.注写基础梁的配筋，与条形基础中基础梁的平面注写规则基本相同。

d.注写基础梁底面标高高差（系指相对于筏形基础平板底面标高的高差值），该项为选注值。有高差时需将高差写入括号内，无高差时不注。

②原位标注。梁板式筏形基础梁的原位标注与条形基础基础梁的原位标注注写规则基本相同。

基础主梁与基础次梁的标注说明如表 7.10 所示。

表 7.10 基础主梁 JL 与基础次梁 JCL 标注说明

集中标注说明:集中标注应在第一跨引出		
注写形式	表达内容	附加说明
JL××（×B）或 JCL××（×B）	基础主梁 JL 或基础次梁 JCL 编号，具体包括代号、序号、跨数及外伸状况	（×A）:一端有外伸；（×B）:两端均有外伸；无外伸则仅注跨数（×）
$b \times h$	截面尺寸，梁宽×梁高	当加腋时，用 $b \times h$ $Yc_1 \times c_2$ 表示，其中 c_1 为腋长，c_2 为腋高
××φ××@×××/φ××@×××（×）	第一种箍筋道数、强度等级、直径、间距/第二种箍筋（肢数）	φ—HPB300 Φ—HRB400 Φ^R—RRB400,下同
B×Φ××;T×Φ××	底部(B)贯通纵筋根数、强度等级、直径；顶部(T)贯通纵筋根数、强度等级、直径	底部纵筋应有不少于1/3贯通全跨顶部纵筋全部连通
G×Φ××	梁侧面纵向构造钢筋根数、强度等级、直径	为梁两个侧面构造纵筋的总根数
（×.×××）	梁底面相对于筏板基础平板标高的高差	高者前加+号,低者前加-号,无高差不注

续表

原位标注(含贯通筋)的说明:		
注写形式	表达内容	附加说明
×⊈××　×/×	基础主梁柱下与基础次梁支座区域底部纵筋根数、强度等级、直径,以及用"/"分隔的各排筋根数	为该区域底部包括贯通筋与非贯通筋在内的全部纵筋
×φ××(×)	附加箍筋总根数(两侧均分)、强度等级、直径及肢数	在主次梁相交处的主梁上引出
其他原位标注	某部位与集中标注不同的内容	原位标注取值优先

注:①平面注写时,相同的基础主梁或次梁只标注一根,其他仅注编号。有关标注的其他规定详见制图规则。
②在基础梁相交处位于同一层面的纵筋相交叉时,设计应注明何梁纵筋在下,何梁纵筋在上。

(2)梁板式筏形基础平板的平面注写方式

梁板式筏形基础平板 LPB 的平面注写分为集中标注与原位标注两部分内容,其具体规定如表 7.11 所示,标注示意图如图 7.22 所示。

①集中标注。梁板式筏形基础平板 LPB 的集中标注,应在所表达的板区双向均为第一跨(x 与 y 双向首跨)的板上引出(图面从左至右为 x 向,从下至上为 y 向)。

板区划分条件:板厚相同、基础平板底部与顶部贯通纵筋配置相同的区域为同一板区。

表 7.11　梁板式筏形基础平板 LPB 标注说明

集中标注说明:集中标注应在双向均为第一跨引出		
注写形式	表达内容	附加说明
LPB××	基础平板编号,包括代号和序号	为梁板式筏形基础的基础平板
$h=××××$	基础平板厚度	—
X:B⊈××@×××; 　T⊈××@×××;(4B) Y:B⊈××@×××; 　T⊈××@×××;(3B)	x 或 y 向底部与顶部贯通纵筋强度等级、直径、间距、跨数及外伸情况	底部纵筋应有不少于 1/3 贯通全跨,注意与非贯通纵筋组合设置的具体要求,详见制图规则。顶部纵筋应全跨连通。用 B 引导底部贯通纵筋,用 T 引导顶部贯通纵筋。(×A):一端有外伸;(×B):两端均有外伸;无外伸则仅注跨数(×)。图面从左至右为 x 向,从下至上为 y 向

续表

板底部附加非贯通纵筋的原位标注说明:原位标注应在基础梁下相同配筋跨的第一跨下注写

注写形式	表达内容	附加说明
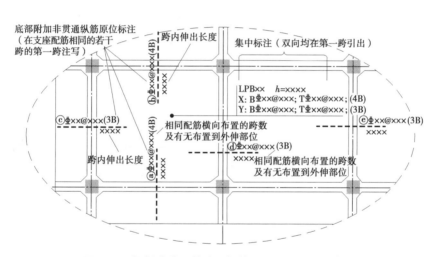	板底部附加非贯通纵筋编号、强度等级、直径、间距(相同配筋横向布置的跨数外伸情况);自梁中心线分别向两边跨内的伸出长度值	当向两侧对称伸出时,可只在一侧注伸出长度值。外伸部位一侧的伸出长度与方式按标准构造,设计不注。相同非贯通纵筋可只注写一处,其他仅在中粗虚线上注写编号。与贯通纵筋组合设置时的具体要求详见相应制图规则
注写修正内容	某部位与集中标注不同的内容	原位标注的修正内容取值优先

注:板底支座处实际配筋为集中标注的板底贯通纵筋与原位标注的板底附加非贯通纵筋之和。图注中注明的其他内容见22G101—3第4.6.2条;有关标注的其他规定详见制图规则。

图 7.22　梁板式筏形基础平板的平面注写规则示意图

集中标注的内容规定如下:

a.注写基础平板的编号,见表7.9。

b.注写基础平板的截面尺寸。注写 $h=×××$ 表示板厚。

c.注写基础平板的底部与顶部贯通纵筋及其跨数及外伸情况。

先注写 x 向底部(B 打头)贯通纵筋与顶部(T 打头)贯通纵筋及纵向长度范围;再注写 y 向底部(B 打头)贯通纵筋与顶部(T 打头)贯通纵筋及其跨数及外伸情况(图面从左到右为 x 向,从下至上为 y 向)。

贯通纵筋的跨数及外伸情况注写在括号中,注写方式为"跨数及有无外伸",其表达形式为:(××)(无外伸)、(××A)(一端有外伸)或(××B)(两端有外伸)。

当贯通纵筋采用两种规格钢筋"隔一布一"方式时,表达为 $\phi xx/yy@×××$,表示直径 xx 的钢筋和直径 yy 的钢筋之间的间距为×××,直径为 xx 的钢筋、直径为 yy 的钢筋间距分别为×××的2倍。

【例】$\oplus$10/12@100 表示贯通纵筋为$\oplus$10、$\oplus$12 隔一布一,相邻$\oplus$10 与$\oplus$12 之间距离为100mm。

②原位标注。梁板式筏形基础平板 LPB 的原位标注,主要表达板底部附加非贯通纵筋,见表7.11 和图7.22。

2)平板式筏形基础平法识图

平板式筏形基础平法施工图,系在基础平面布置图上采用平面注写方式表达。平板式筏形基础的平面注写表达方式有两种:一是划分为柱下板带和跨中板带进行表达;二是按基础平板进行表达。

平板式筏形基础构件编号按表7.12 的规定。

表7.12 平板式筏形基础构件类型及其三维示意图

构件类型	代号	序号	跨数及有无外伸	三维示意图
柱下板带	ZXB	××	(××)或(××A)或(××B)	
跨中板带	KZB	××		
平板式筏形基础平板	BPB	××		

注:① (××A)为一端有外伸,(××B)为两端有外伸,外伸不计入跨数。

②平板式筏形基础平板,其跨数及是否有外伸分别在 x、y 两向的贯通纵筋之后表达。图面从左至右为 x 向,从下至上为 y 向。

(1)柱下板带、跨中板带的平面注写方式

柱下板带 ZXB(视其为无箍筋的宽扁梁)与跨中板带 KZB 的平面注写分集中标注与原位标注两部分内容。柱下板带与跨中板带标注说明如表7.13 所示,标注示意图如图7.23 所示。

(2)平板式筏形基础平板 BPB 的平面注写方式

平板式筏形基础平板 BPB 的平面注写分为集中标注与原位标注两部分内容。

基础平板 BPB 的平面注写与柱下板带 ZXB、跨中板带 KZB 的平面注写虽是不同的表达方式,但可以表达同样的内容。当整片板式筏形基础配筋比较规律时,宜采用 BPB 表达方式。平板式筏形基础平板 BPB 的标注说明如表7.14 所示,标注示意图如图7.24 所示。

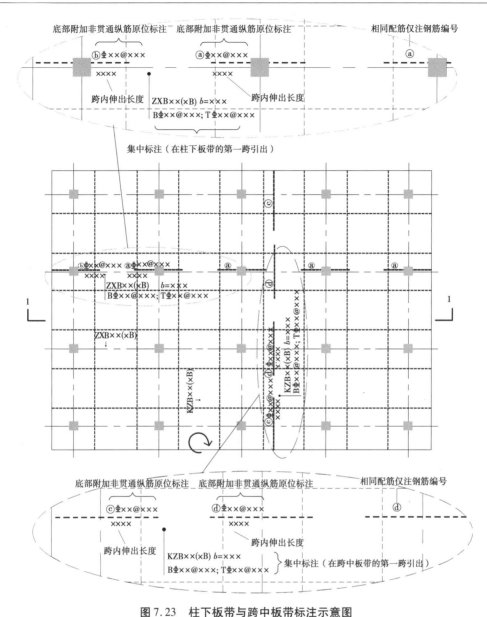

图 7.23 柱下板带与跨中板带标注示意图

表 7.13 柱下板带 ZXB 与跨中板带 KZB 标注说明

集中标注说明:集中标注应在第一跨引出		
注写形式	表达内容	附加说明
ZXB××(×B) 或 KZB××(×B)	柱下板带或跨中板带编号,具体包括代号、序号(跨数及外伸状况)	(×A):一端有外伸;(×B):两端均有外伸;无外伸则仅注跨数(×)
b=××××	板带宽度(在图注中应注明板厚)	板带宽度取值与设置部位应符合规范要求

续表

集中标注说明:集中标注应在第一跨引出		
B Φ××@ ×××； T Φ××@ ×××	底部贯通纵筋强度等级、直径、间距； 顶部贯通纵筋强度等级、直径、间距	底部纵筋应有不少于 1/3 贯通全跨,注意与非贯通纵筋组合设置的具体要求,详见制图规则

板底部附加非贯通纵筋原位标注说明:		
注写形式	表达内容	附加说明
 柱下板带 跨中板带	底部非贯通纵筋编号、强度等级、直径、间距;自柱中线分别向两边跨内的伸出长度值	同一板带中其他相同非贯通纵筋可仅在中粗虚线上注写编号。向两侧对称伸出时,可只在一侧注伸出长度值。向外伸部位的伸出长度与方式按标准构造,设计不注。与贯通纵筋组合设置时的具体要求详见相应制图规则
修正内容原位注写	某部位与集中标注不同的内容	原位标注的修正内容取值优先

注:①相同的柱下或跨中板带只标注一处,其他仅注编号。
②图注中注明的其他内容见22G101—3第5.5.2条;有关标注的其他规定详见制图规则。

表 7.14　平板式筏形基础平板 BPB 的标注说明

集中标注说明:集中标注应在双向均为第一跨引出		
注写形式	表达内容	附加说明
BPB××	基础平板编号,包括代号和序号	为平板式筏形基础的基础平板
$h=$××××	基础平板厚度	
X:B Φ××@ ×××； 　T Φ××@ ×××；(4B) Y:B Φ××@ ×××； 　T Φ××@ ×××；(3B)	x 或 y 向底部与顶部贯通纵筋强度等级、直径、间距(跨数及外伸情况)	底部纵筋应有不少于 1/3 贯通全跨,注意与非贯通纵筋组合设置的具体要求,详见制图规则。顶部纵筋应全跨贯通。用 B 引导底部贯通纵筋,用 T 引导顶部贯通纵筋。(×A):一端有外伸;(×B):两端均有外伸;无外伸则仅注跨数。图面从左至右为 x 向,从下至上为 y 向
底板部附加非贯通筋的原位标注说明:原位标注应在基础梁下相同配筋跨的第一跨下注写		

续表

注写形式	表达内容	附加说明
⊗ ⊕××@××(×、×A、×B) ———————————— ———————————— ———————————— ××× ———— 柱中线	底部附加非贯通纵筋编号、强度等级、直径、间距（相同配筋横向布置的跨数及有无布置到外伸部位）；自支座边线分别向两边跨内的伸出长度值	当向两侧对称伸出时,可只在一侧注伸出长度值。外伸部位一侧的伸出长度与方式按标准构造,设计不注。相同非贯通纵筋可只注写一处,其他仅在中粗虚线上注写编号。与贯通纵筋组合设置时的具体要求详见相应制图规则
注写修正内容	某部位与集中标注不同的内容	原位标注的修正内容取值优先

注:①板底支座处实际配筋为集中标注的板底贯通纵筋与原位标注的板底附加非贯通纵筋之和。
②图注中注明的其他内容见22G101—3第5.5.2条;有关标注的其他规定详见制图规则。

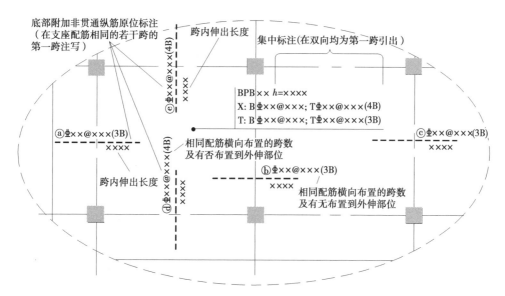

图 7.24　平板式筏形基础平板 BPB 标注示意图

7.1.4　桩基础钢筋识图

1)灌注桩钢筋识图

灌注桩平法施工图一般采用平面注写方式或列表注写方式进行表达。

（1）平面注写方式

平面注写方式系在灌注桩平面布置图上集中标准灌注桩的编号、尺寸、纵筋、箍筋、桩顶标高和单桩竖向承载力特征值,如图7.25所示。平面注写内容规定如下:

①注写桩编号,桩编号由类型和序号组成,应符合表7.15的规定。

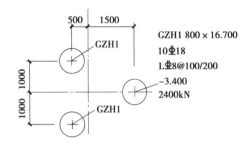

图 7.25 灌注桩平面注写示例

表 7.15 桩类型及其三维示意图

类型	代号	序号	三维示意图
灌注桩	GZH	××	灌注桩 扩底灌注桩
扩底灌注桩	GZHk	××	

②注写桩尺寸,包括桩径 D×桩长 L,当为扩底灌注桩时,还应增加扩底端尺寸 $D_0/h_b/h_c$ 或 $D_0/h_b/h_{c1}/h_{c2}$。其中,D_0 表示扩底端直径,h_b 表示扩底端锅底形矢高,h_c(h_{c1}、h_{c2})表示扩底端高度,如图 7.26 所示。

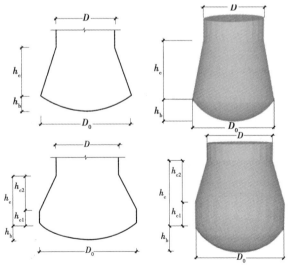

图 7.26 扩底灌注桩扩底端示意

③注写桩纵筋,包括桩周均布的纵筋根数、钢筋种类、直径、从桩顶起算的纵筋配置长度。

a.通长等截面配筋:注写全部纵筋,如××ф××。

b.部分长度配筋:注写桩纵筋,如××ф××/L_1,其中 L_1 表示从桩顶起算的入桩长度。

c.通长变截面配筋:注写桩纵筋,包括通长纵筋××ф××;非通长纵筋××ф××/L_1,其中 L_1 表示从桩顶起算的入桩长度。通长纵筋与非通长纵筋沿桩周间隔均匀布置。

【例】15ф20,15ф18/6 000,表示采用通长变截面配筋方式,桩通长纵筋为15ф20;桩非通长纵筋为15ф18,从桩顶起算的入桩长度为6 000 mm。实际桩上段纵筋为15ф20+15ф18,通长纵筋与非通长纵筋间隔均匀布置于桩周。

④以大写字母 L 打头,注写桩螺旋箍筋,包括钢筋种类、直径与间距。

a.用斜线"/"区分桩顶箍筋加密区与桩身箍筋非加密区长度范围内箍筋的间距。图集中箍筋加密区为桩顶以下 5D(D 为桩身直径),若与实际工程情况不同,需设计者在图中注明。

b.当桩身位于液化土层范围内时,箍筋加密区长度应由设计者根据具体工程情况注明,或者箍筋全长加密。

【例】Lф8@100/200,表示箍筋强度等级为 HRB400 钢筋,直径为 8 mm,加密区间距为100 mm,非加密区间距为 200 mm,L 表示螺旋箍筋。

【例】Lф8@100,表示沿桩身纵筋范围内箍筋均为 HRB400 钢筋,直径为 8 mm,间距为100 mm,L 表示采用螺旋箍筋。

⑤注写桩顶标高。

⑥注写单桩竖向承载力特征值,单位以 kN 计。

(2)列表注写方式

列表注写方式,系在灌注桩平面布置图上,分别标注定位尺寸;在桩表中注写桩编号、桩尺寸、纵筋、螺旋箍筋、桩顶标高、单桩竖向承载力特征值,注写规则同平面注写方式。

灌注桩列表注写的格式如表 7.16 所示。

表 7.16　灌注桩表

桩号	桩径 D /mm	桩长 L /m	通长纵筋	非通长纵筋	箍筋	桩顶标高 /m	单桩竖向承载力特征值/kN
GZH1	800	16.700	16ф18	—	Lф8@100/200	−3.400	2 400
GZH2	800	16.700	—	16ф18/6 000	Lф8@100/200	−3.400	2 400
GZH3	800	16.700	10ф18	10ф20/6 000	Lф8@100/200	−3.400	2 400

注:①表中可根据实际情况增加栏目,例如:当采用扩底灌注桩时,增加扩底端尺寸。

　　②当为通长等截面配筋方式时,非通长纵筋一栏不注,如表中 GZH1;当为部分长度配筋方式时,通长配筋一栏不注,如表中 GZH2;当为通长变截面配筋方式时,通长纵筋和非通长纵筋均应注写,如表中 GHZ3。

2)桩基承台平法识图

桩基承台平法施工图有平面注写、列表注写、截面注写3种表达方式。

当绘制桩基承台平面布置图时,应将承台下的桩位和承台所支承的柱、墙一起绘制。当设置基础联系梁时,可根据图面的疏密情况,将基础联系梁与基础平面布置图一起绘制,或将基础联系梁布置图单独绘制。

桩基承台分为独立承台和承台梁,分别按表7.17和表7.18的规定编号。

表7.17 独立承台编号表

类型	独立承台截面形状	代号	序号	说明
独立承台	阶形	CTj	××	单阶截面即为平板式独立承台
	锥形	CTz	××	

注:杯口独立承台代号可为BCJj和BCJz,设计注写方式可参照杯口独立基础,施工详图应由设计者提供。

表7.18 承台梁编号

类型	代号	序号	跨数及有无外伸
承台梁	CTL	××	(××)端部无外伸 (××A)一端有外伸 (××B)两端有外伸

(1)独立承台的平面注写方式

独立承台的平面注写方式分为集中标注和原位标注两部分内容。

①集中标注。独立承台的集中标注系在承台平面上集中引注独立承台编号、截面竖向尺寸、配筋三项必注内容,以及承台板底面标高(与承台底面基准标高不同时)和必要的文字注解两项选注内容。具体规定如下:

A.注写独立承台编号(必注内容),编号由代号和序号组成,应符合表7.17的规定。

B.注写独立承台截面竖向尺寸(必注内容)。即注写 $h_1/h_2/\cdots\cdots$,具体标注为:

a.独立承台为阶形截面,当为多阶时,各阶尺寸自下而上用"/"分隔顺写;当为单阶时,截面竖向尺寸仅为一个,且为独立承台总高度,如图7.27(a)所示。

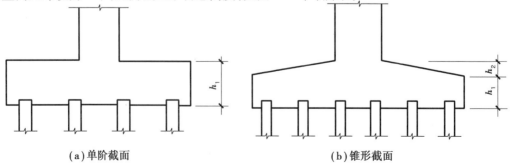

(a)单阶截面   (b)锥形截面

图7.27 单阶截面和锥形截面独立承台竖向尺寸

b. 独立承台为锥形截面,其截面竖向尺寸注写为 h_1/h_2,如图 7.27(b)所示。

C. 注写独立承台配筋(必注内容)。底部与顶部双向配筋应分别注写,顶部配筋仅用于双柱或四柱等独立承台。当独立承台顶部无配筋时,则不注顶部。注写规定如下:

a. 以 B 打头注写底部配筋,以 T 打头注写顶部配筋。

b. 矩形承台 x 向配筋以 X 打头,y 向配筋以 Y 打头;当两向配筋相同时,则以 X&Y 打头。

c. 当为等边三桩承台时,以"△"打头,注写三角布置的各边受力钢筋(注明根数并在配筋值后注写"×3")。

【例】△6 ⊈25@150×3,表示等边三桩承台每边各配置 6 根直径为 25 mm 的 HRB400 钢筋,间距为 150 mm。

d. 当为等腰三桩承台时,以"△"打头注写等腰三角形底边的受力钢筋+两对称斜边的受力钢筋(注明根数并在两对称配筋值后注写"×2")。

【例】△5 ⊈22@150+6 ⊈22@150×2,表示等腰三桩承台底边配置 5 根直径为 22 mm 的 HRB400 钢筋,间距为 150 mm;两对称斜边各配置 6 根直径为 22 mm 的 HRB400 钢筋,间距为 150 mm。

e. 当为多边形(五边形或六边形)承台或异形独立承台,且采用 x 向和 y 向正交配筋时,注写方式与矩形独立承台相同。

f. 两桩承台可按承台梁进行标注。

D. 注写基础底面标高(选注内容)。当独立承台的底面标高与桩基承台底面基准标高不同时,应将独立承台底面标高注写在括号内。

E. 必要的文字注解(选注内容)。当独立承台的设计有特殊要求时,宜增加必要的文字注解。

②原位标注。独立承台的原位标注系在桩基承台平面布置图上标注独立承台的平面尺寸,相同编号的独立承台,可仅选择一个进行标注,其他仅注编号,如图 7.28 所示。

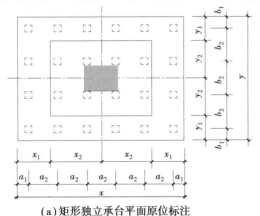

(a)矩形独立承台平面原位标注　　　　(b)等腰三桩独立承台平面原位标注

图 7.28　独立承台平面原位标注示意

（2）承台梁的平面注写方式

承台梁 CTL 的平面注写方式分集中标注和原位标注两部分内容。

①集中标注。承台梁的集中标注内容为承台梁编号、截面尺寸、配筋三项必注内容，以及承台梁底面标高（与承台底面基准标高不同时）、必要的文字注解两项选注内容。具体规定如下：

A. 注写承台梁编号（必注内容），见表7.18。

B. 注写承台梁截面尺寸（必注内容）。即注写 $b \times h$，表示梁截面宽度与高度。

C. 注写承台梁配筋（必注内容）。

a. 注写承台梁箍筋。当具体设计仅采用一种箍筋间距时，注写钢筋种类、直径、间距与肢数（箍筋肢数写在括号内，下同）；当具体设计采用两种箍筋间距时，用"/"分隔不同箍筋的间距。此时，设计应指定其中一种箍筋间距的布置范围。

b. 注写承台梁底部、顶部及侧面纵向钢筋。以 B 打头，注写承台梁底部贯通纵筋；以 T 打头，注写承台梁顶部贯通纵筋。

【例】B：5 ⊈ 25；T：7 ⊈ 25，表示承台梁底部配置贯通纵筋 5 ⊈ 25，梁顶部配置贯通纵筋 7 ⊈ 25。

c. 当梁底部或顶部贯通纵筋多于一排时，用"/"将各排纵筋自上而下分开。

d. 以大写字母 G 打头注写承台梁侧面对称设置的纵向构造钢筋的总配筋值（当梁腹板高度 $h_w \geqslant 450$ mm 时，根据需要配置）。

D. 注写承台梁底面标高（选注内容）。当承台梁底面标高与桩基承台底面基准标高不同时，将承台梁底面标高注写在括号内。

E. 必要的文字注解（选注内容）。当承台梁的设计有特殊要求时，宜增加必要的文字注解。

②原位标注。承台梁的原位标注规定如下：

a. 原位标注承台梁的附加箍筋或（反扣）吊筋。当需要设置附加箍筋或（反扣）吊筋时，将附加箍筋或（反扣）吊筋直接画在平面图中的承台梁上，原位直接引注总配筋值（附加箍筋的肢数注在括号内）。当多数梁的附加箍筋或（反扣）吊筋相同时，可在桩基承台平法施工图上统一注明，少数与统一注明值不同时，再原位直接引注。

b. 原位注写修正内容。当在承台梁上集中标注的某项内容（如截面尺寸、箍筋、底部与顶部贯通纵筋或架立筋、梁侧面纵向构造钢筋、梁底面标高等）不适用于某跨或某外伸部位时，将其修正内容原位标注在该跨或该外伸部位，施工时原位标注取值优先。

(3)桩基承台的截面注写方式和列表注写方式

桩基承台的截面注写和列表注写(结合截面示意图)应在桩基平面布置图上对所有桩基承台进行编号,见表7.14和表7.15。

桩基承台的截面注写方式和列表注写方式,可参照独立基础的注写方式,进行设计施工图的表达。

7.2　宿舍楼工程独立基础钢筋识图

7.2.1　宿舍楼工程基础部分结构设计说明

宿舍楼工程中基础的类形为锥形独立基础。从图7.29可知,基础底板钢筋的最小保护层厚度为40 mm,基础混凝土强度等级为C30,钢筋为HRB400级。

钢筋所在部位	最小保护层厚度	备注
基础底面及外侧面、地梁下部钢筋	40 mm	
基础底板顶面、地梁顶面	25 mm	

构件名称	混凝土强度等级	备注
柱下独立基础	C30	/

图7.29　结构设计说明中基础钢筋保护层厚度及混凝土强度等级

从宿舍楼工程基础平面布置图(图7.30)可知,本施工图中独立基础有5个编号,分别是DJ-1(DJ-1a、DJ-1b)、DJ-2和DJ-3。其中,DJ-1(DJ-1a、DJ-1b)和DJ-3剖面图如图7.31所示,基础底部标高有−6.000 m、−4.300 m、−2.100 m和−1.500 m。本工程共32个锥形普通独立基础,均沿轴网居中布置。

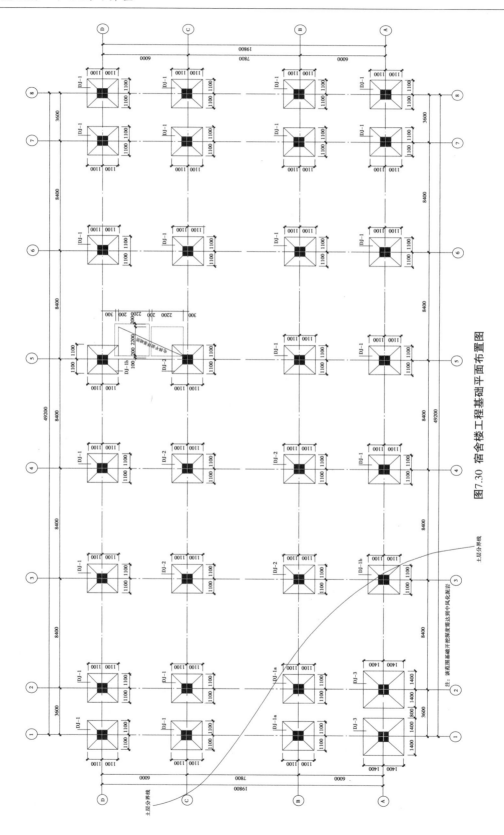

图7.30 宿舍楼工程基础平面布置图

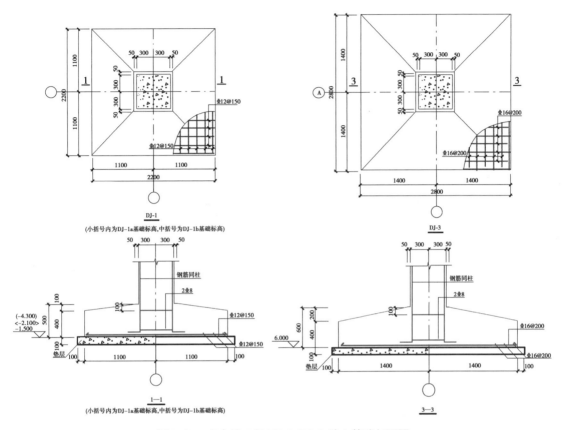

图7.31 宿舍楼工程 DJ-1、DJ-3 独立基础剖面图

7.2.2 宿舍楼工程基础平面图识图

宿舍楼工程基础地基持力层为中风化泥岩,地基承载力特征值 f_{ak} =1 500 kPa。除注明外,独基底标高为 -1.500 m。

如图7.31所示,DJ-1 为 2 200 mm×2 200 mm 的锥形独立基础,其竖向尺寸 h_1 为 400 mm, h_2 为 100 mm,底板的底部配筋为双层双向,均为直径 12 mm 的 HRB400 钢筋,间距为 150 mm。

DJ-3 为 2 800 mm×2 800 mm 的锥形独立基础,其竖向尺寸 h_1 为 400 mm,h_2 为 200 mm,底板的底部配筋为双层双向,均为直径 16 mm 的 HRB400 钢筋,间距为 200 mm。

7.3 宿舍楼工程独立基础钢筋算量

7.3.1 独立基础钢筋计算规则

1）独立基础的底板边长<2 500 mm

独立基础的底板边长<2 500 mm,其钢筋构造如图 7.32 所示,其中锥形独立基础钢筋三维示意图如图 7.33 所示。

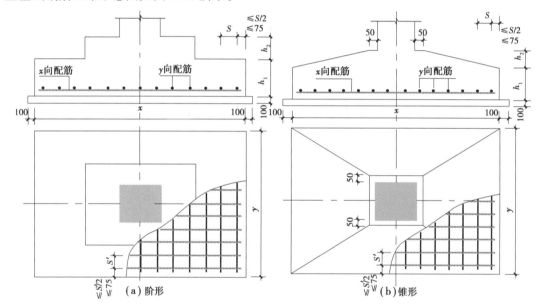

图 7.32 独立基础底板钢筋构造

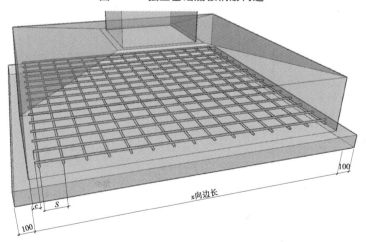

图 7.33 锥形独立基础钢筋三维示意图

（1）x 向底板钢筋计算

x 向底板钢筋长度＝x 向底板长度－保护层厚度×2

x 向底板钢筋根数＝[y 向底板长度－min(布筋间距/2,75)×2]/布筋间距+1

（2）y 向底板钢筋计算

y 向底板钢筋计算与 x 向底板钢筋计算同理。

2) 独立基础底板长度≥2 500 mm

①对称独立基础底板长度≥2 500 mm,除外侧钢筋外,底板配筋长度可取相应方向底板长度的 0.9 倍,如图 7.34 所示,其钢筋三维示意图如图 7.35 所示,则其计算公式为:

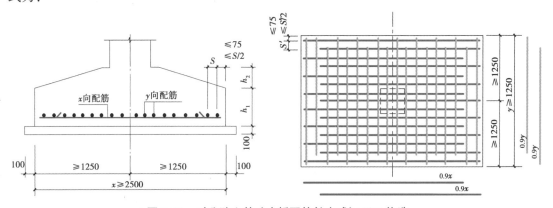

图 7.34　对称独立基础底板配筋长度减短 10% 构造

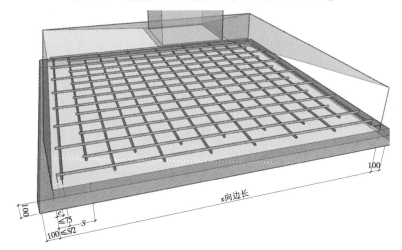

图 7.35　对称独立基础底板配筋长度减短 10% 三维示意图

外侧边缘的底板钢筋长度＝基础底板长度－保护层厚度×2

其余底板钢筋长度＝基础底板长度×0.9

根数＝[底板长度－min(布筋间距/2,75)×2]/布筋间距+1(每边有 2 根为不减短的钢筋根数,其他为 0.9 倍的钢筋长度)

②非对称独立基础底板长度≥2 500 mm,但该基础某侧从柱中心至基础底板边缘的距离<1 250 mm时,钢筋在该侧不应减短,如图7.36所示。

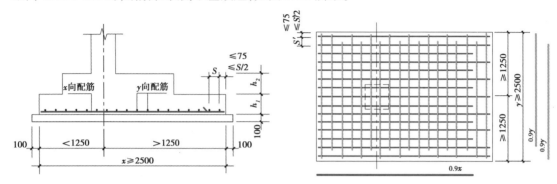

图7.36 非对称独立基础底板配筋长度减短10%构造

由图7.36可知,该基础非对称方向为 x 向,轴线左侧<1 250 mm,该侧钢筋不减短;轴线右侧>1 250 mm,该侧钢筋间隔一根减短10%,其钢筋计算公式如下:

最外侧不减短钢筋长度= x 向基础长度-2×保护层厚度

非对称方向中部不减短钢筋长度= x 向基础长度-2×保护层厚度

非对称方向中部减短钢筋长度= x 向基础长度×0.9

图7.36中 y 向钢筋是对称方向钢筋,除左右最外侧钢筋不减短之外,其余钢筋均交叉减短10%排列,其钢筋计算公式如下:

最外侧钢筋长度= y 向基础长度-2×保护层厚度(根数为2)

减短钢筋长度= y 向基础长度×0.9

钢筋根数计算同对称独立基础的钢筋根数计算。

7.3.2 独立基础钢筋计算示例

以宿舍楼工程DJ-1和DJ-3为例。

1)宿舍楼工程DJ-1钢筋计算

宿舍楼工程中DJ-1平面、剖面图如图7.31所示,三维示意图如图7.37所示。由图可知,该独立基础的尺寸为2 200 mm×2 200 mm,基础底板边长<2 500 mm,其钢筋计算如下:

x 向底板钢筋长度= x 向底板长度-保护层厚度×2=2 200-40×2=2 120(mm)

x 向底板钢筋根数=[y 向底板长度-min(布筋间距/2,75)×2]/布筋间距+1

=(2 200-75×2)/150+1=15(根)

y 向钢筋计算同 x 向,单根长=2 120 mm,根数为15根。

钢筋总长=2 120×15×2=63 600(mm)

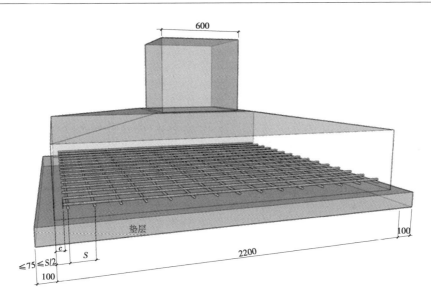

图 7.37 宿舍楼工程 DJ-1 三维示意图

2)宿舍楼工程 DJ-3 钢筋计算

宿舍楼工程 DJ-3 平面、剖面图如图 7.31 所示。由图可知,该独立基础的尺寸为 2 800 mm×2 800 mm,独立基础底板长度≥2 500 mm,其钢筋计算如下:

外侧边缘的底板钢筋长度=基础底板长度−保护层厚度×2

$$=2\ 800-40×2=2\ 720(mm)(根数为 4 根)$$

其余底板钢筋长度=基础底板长度×0.9=2 800×0.9=2 520(mm)

根数={[底板长度−min(布筋间距/2,75)×2]/布筋间距+1−2}×2

$$={(2\ 800-75×2)/200-1}×2$$

$$=13×2=26(根)$$

钢筋总长=2 720×4+2 520×26=76 400(mm)

7.4 条形基础钢筋算量

1)条形基础钢筋计算规则

条形基础底板钢筋构造如图 7.38 和图 7.39 所示。

当条形基础设置有基础梁时,底板的分布筋在梁宽范围内不设置。条形基础的钢筋在底部形成钢筋网片,在转角处、丁字交界处和十字交接处,分布筋与同向受力钢筋的构造搭接长度为 150 mm,如图 7.38 和图 7.39 中(a)、(b)、(c)节点。

带基础梁及转角条形基础底板配筋构造

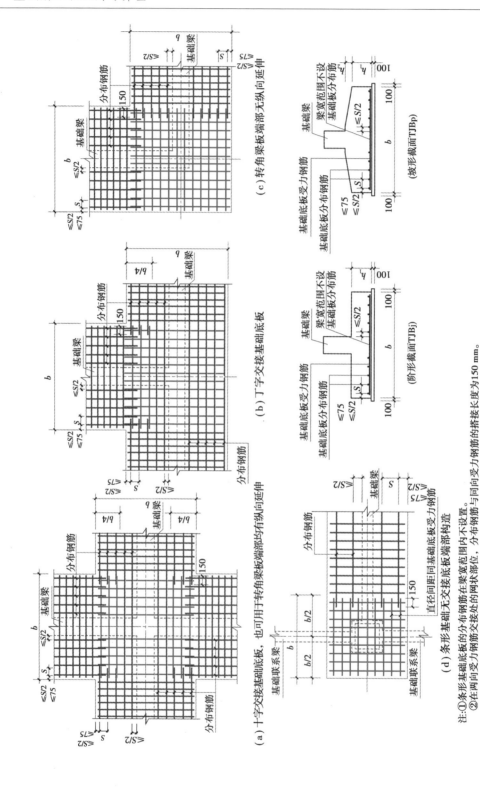

（a）十字交接基础底板，也可用于转角梁梁板端部均有纵向延伸

（b）丁字交接基础底板

（c）转角梁板端部无纵向延伸

（d）条形基础梁板端部构造

图7.38　带基础梁条形基础底板配筋构造

注:①条形基础底板的分布钢筋在梁宽范围内不设置。
②在两向受力钢筋交接处的网状部位，分布钢筋与同向受力钢筋的搭接长度为150 mm。

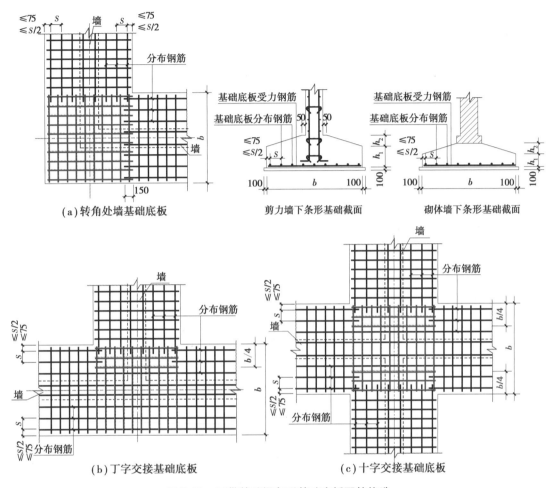

图 7.39　不带基础梁条形基础底板配筋构造

(1)条形基础受力筋工程量计算

受力筋单根长度＝条形基础宽度 b−2×保护层厚度

受力筋根数＝［条形基础长度−min(75,$S/2$)×2］/S+1

(2)条形基础分布筋工程量计算

分布筋单根长度＝条形基础净长−2×保护层厚度+搭接长度×搭接个数

梁板式条形基础:分布筋根数＝［条形基础宽度 b−min(75,$S/2$)×2−梁宽］/S+1

板式条形基础:　分布筋根数＝［条形基础宽度 b−min(75,$S/2$)×2］/S+1

注:条形基础宽度≥2 500 mm,底板受力筋减短10%交错配置,计算规则同独立基础。

2)条形基础钢筋计算示例

图 7.40 为条形基础平面图,图 7.41 为梁板式条形基础断面图,已知条形基础保护层厚度为 40 mm,计算①轴条形基础底板的钢筋工程量。

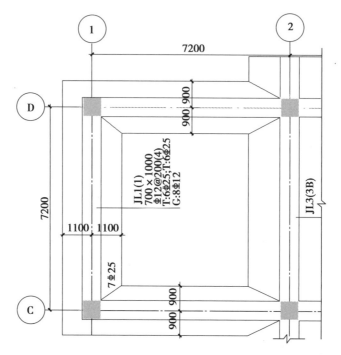

图 7.40 条形基础底板平面图

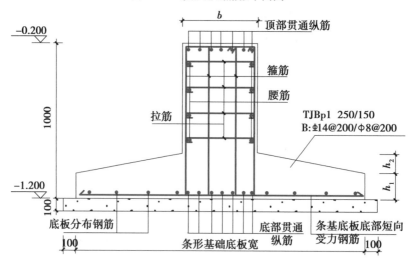

图 7.41 梁板式条形基础的断面图

由图可知,①轴上条形基础底板宽度为 2 200 mm,该基础为坡形条形基础,其中 $h_1 = 250$ mm,$h_2 = 150$ mm;该条形基础带基础梁,基础梁的宽度为 700 mm;该条形基础两端与横向条形基础转角交接,构建该条形基础钢筋三维示意图如图 7.42 所示。本工程中分布钢筋为 HPB300 圆钢,需考虑端头做 180°弯钩。①轴条形基础底板钢筋工程量计算如表 7.19 所示。

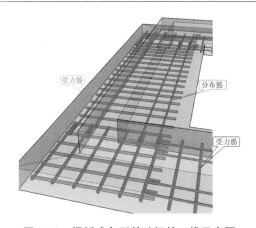

图7.42 梁板式条形基础钢筋三维示意图

表7.19 ①轴条形基础底板钢筋工程量计算表

部位	钢筋类别	计算
条形基础底板受力筋	𝚽14@200	受力筋单根长度=2 200−2×40=2 120(mm) 受力筋根数=[条形基础长度−min(75,$S/2$)×2]/间距+1=[7 200+900×2−min(75,200/2)×2]/200+1=46(根)
条形基础底板分布筋	Φ8@200	分布筋单根长度=条形基础净长+2×保护层厚度+2×搭接长度150+2×180°弯钩增加长度+弯钩平直段长度×2=7 200−900×2+2×40+2×150+2×3.25d+max(10d,75)×2=5 992(mm) 分布筋根数=[条形基础宽度b−min(75,$S/2$)×2−梁宽]/间距+1=[2 200−min(75,200/2)×2−700]/200+1=8(根)
汇总	𝚽14	长度:2.12×46=97.52(m)
		质量:1.21×97.52=118(kg)
	Φ8	长度:5.99×8=47.92(m)
		质量:0.395×47.92=18.93(kg)

7.5 筏形基础钢筋算量

筏形基础分为梁板式筏形基础和平板式筏形基础两种。

7.5.1 梁板式筏形基础钢筋计算规则

梁板式筏形基础钢筋计算包括基础主梁、基础次梁和梁板式筏形基础平板的钢筋计算。

1)基础主梁钢筋计算规则

(1)基础主梁端部外伸构造

梁板式筏形基础主梁端部等截面外伸构造如图7.43所示,基础梁纵向钢筋与箍筋构造如图 7.44 所示。

$$上部第一排贯通筋单根长度=梁长-2×保护层厚度+12d×2-90°弯折调整值$$

$$上部第二排贯通筋单根长度=边柱内边长+2×l_a$$

$$下部贯通筋单根长度=梁长-2×保护层厚度+12d×2-90°弯折调整值$$

$$下部非贯通筋单根长度(边跨)=l'_n+h_c+\max(l_n/3,l'_n)$$

$$下部非贯通筋单根长度(中间跨)=l_n/3+h_c+l_n/3$$

其中,l_n 取左右两跨中的较大值。

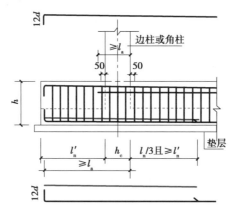

图 7.43 梁板式筏形基础梁端部等截面外伸构造

顶部贯通纵筋在其连接区内采用搭接、机械连接或焊接。同一连接区段内接头面积百分率不宜大于50%。当钢筋长度可穿过一连接区到下一连接区并满足连接要求时,宜穿越设置

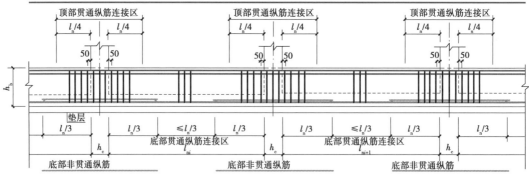

底部贯通纵筋在其连接区内采用搭接、机械连接或焊接。同一连接区段内接头面积百分率不宜大于50%。当钢筋长度可穿过一连接区到下一连接区并满足连接要求时,宜穿越设置

图 7.44 基础梁纵向钢筋与箍筋构造

(2)基础主梁端部无外伸构造

基础梁端部无外伸构造如图 7.45 所示,顶部纵筋伸至尽端钢筋内侧弯折 $15d$,当伸入直段长度 $\geq l_a$ 时,可不弯折;底部纵筋伸至尽端钢筋内侧弯折 $15d$,伸入支座水平段长度 $\geq 0.6l_{ab}$。

$$上、下部贯通筋单根长度=梁长-2×保护层厚度+15d×2-90°弯折调整值$$

$$下部非贯通筋单根长度(边跨)=l_n/3+h_c-保护层厚度+15d-90°弯折调整值$$

$$下部非贯通筋单根长度(中间跨)=l_n/3+h_c+l_n/3$$

其中,h_c 为柱截面长边尺寸,l_n 取左右两跨中的较大值。

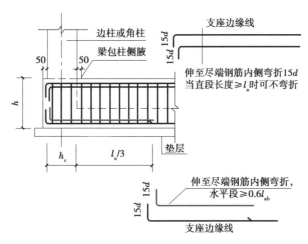

图7.45 梁板式筏形基础梁端部无外伸构造

2)基础次梁钢筋计算规则

(1)基础次梁端部无外伸构造

梁板式筏形基础次梁纵向钢筋与箍筋构造如图7.46所示。

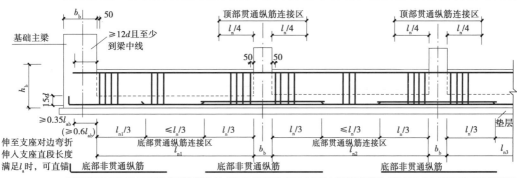

注:图中括号内的数值用于代号为JCLg的基础次梁

图7.46 梁板式筏形基础次梁端部纵向钢筋与箍筋构造

上部贯通筋单根长度=两端主梁间净长+2×max(b_b/2,12d)

下部贯通筋单根长度=次梁外边线长-2×基础梁保护层厚度+15d×2-90°弯折调整值

下部非贯通筋单根长度(边跨)=l_n/3+b_b-基础梁保护层厚度+15d-90°弯折调整值

下部非贯通筋单根长度(中间跨)=l_n/3+b_b+l_n/3

其中,l_n取左右两跨中的较大值。

(2)基础次梁端部等截面外伸构造

梁板式筏形基础次梁端部等截面外伸构造如图7.47所示。

上部贯通筋单根长度=梁长-2×基础梁保护层厚度+2×12d-90°弯折调整值

下部贯通筋单根长度=梁长-2×基础梁保护层厚度+2×12d-90°弯折调整值

下部非贯通筋单根长度(边跨)=l'_n-基础梁保护层厚度+b_b+max(l_n/3,l'_n)

下部非贯通筋单根长度(中间跨)=l_n/3+b_b+l_n/3

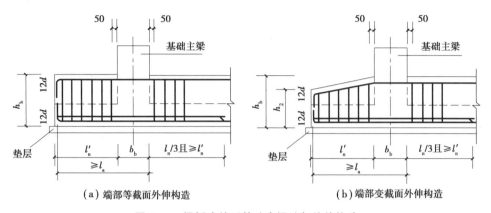

（a）端部等截面外伸构造　　　　　　　　（b）端部变截面外伸构造

图 7.47　梁板式筏形基础次梁端部外伸构造

3）梁板式筏形基础平板钢筋计算规则

（1）梁板式筏形基础平板端部无外伸构造

梁板式筏形基础平板端部无外伸构造如图 7.48（a）所示。

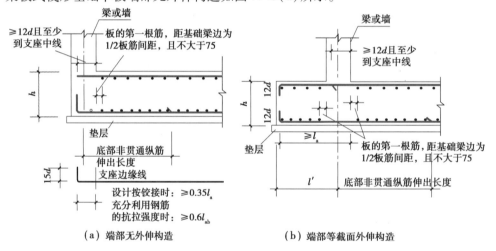

（a）端部无外伸构造　　　　　　　　（b）端部等截面外伸构造

图 7.48　梁板式筏形基础平板端部构造

上部纵筋单根长度＝筏板净长＋max（$1/2b_b$，$12d$）×2

下部纵筋单根长度＝筏板长－2×基础保护层厚度＋2×15d-90°弯折调整值×2

下部非贯通筋单根长度（边跨）＝$1/2b_b$－基础保护层厚度＋底部非贯通筋伸出长度

下部非贯通筋单根长度（中间跨）＝左侧底部非贯通筋伸出长度＋右侧底部非贯通筋
伸出长度

根数＝［板净跨长－min（1/2 板筋间距，75）×2］/间距＋1

（2）梁板式筏形基础平板端部等截面外伸构造

梁板式筏形基础平板端部等截面外伸构造如图 7.48（b）所示。

上、下部纵筋单根长度＝筏板长－2×基础保护层厚度＋2×12d-90°弯折调整值×2

下部非贯通筋单根长度（边跨）＝l'－基础保护层厚度＋底部非贯通筋伸出长度

下部非贯通筋单根长度（中间跨）＝左侧底部非贯通筋伸出长度＋右侧底部非贯通筋伸出
长度

根数=［板净跨长-min(1/2 板筋间距,75)×2］/间距+1

7.5.2 平板式筏形基础的计算规则

1)平板式筏形基础平板端部无外伸构造

平板式筏形基础平板端部无外伸构造如图 7.49 所示。

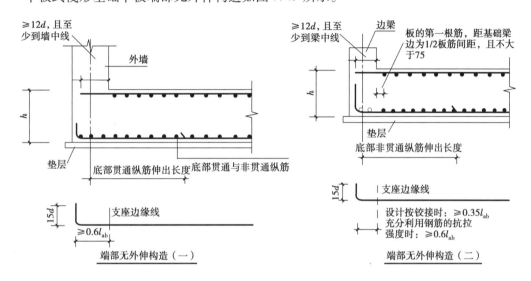

图 7.49 基础平板端部无外伸构造

上部通长筋的单根长度=max(12d,墙厚或梁宽 1/2)×2+筏板基础净长

上部通长筋的根数=［筏板宽-墙厚或梁宽×2-min(75,S/2)×2］/间距+1

下部通长筋的单根长度=筏板基础净长-2×保护层厚度+15d×2-90°弯折调整值

下部通长筋的根数=(筏板宽-2×保护层厚度)/间距+1

2)平板式筏形基础平板端部等截面外伸构造

平板式筏形基础平板端部等截面外伸构造如图 7.50 所示,基础上、下部纵筋均伸至外边缘弯折 12d。

上、下部通长筋单根长度=筏板长-2×保护层厚度+12d×2-90°弯折调整值

上、下部通长筋的根数=(筏板宽-2×保护层厚度)/间距+1

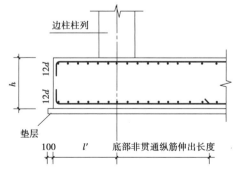

图 7.50 平板式筏形基础平板端部等截面外伸构造

3)平板式筏形基础板边缘侧面封边构造

平板式筏形基础板边缘侧面封边构造如图 7.51 所示。

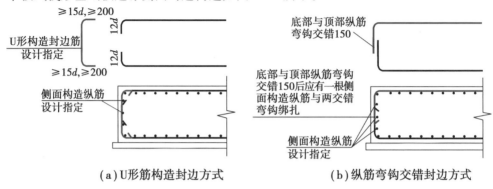

(a)U形筋构造封边方式　　　　(b)纵筋弯钩交错封边方式

图 7.51　板边缘侧面封边构造

U 形封边筋单根长度=筏板厚-2×保护层厚度+max(15d,200)×2-90°弯折调整值×2

7.5.3　筏形基础钢筋计算示例

图 7.52 所示为梁板式筏形基础平面图,混凝土保护层厚度为 40 mm,求 x 向钢筋的长度及根数。

该基础 x 向钢筋计算如下:

上部通长筋单根长度=7 200-300+max(12×16,300/2)×2=7 284(mm)

下部通长筋单根长度=7 200+300-2×40+15d×2-90°弯折调整值×2=7 833.44(mm)

上部通长筋的根数=[6 000-300-min(75,180/2)×2]/180+1=32(根)

下部通长筋的根数=[6 000-300-min(75,200/2)×2]/200+1=29(根)

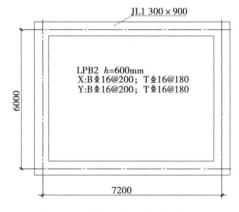

图 7.52　梁板式筏形基础平面图

本章小结

本章解读了独立基础、条形基础、筏形基础、桩基础的注写方式;识读了"宿舍楼工程"的基础施工图;构建了独立基础钢筋三维模型;列出了独立基础钢筋的计算公式,并将计算公式应用于"宿舍楼工程"中独立基础的钢筋工程量计算;列出了条形基础和筏形基础钢筋的计算公式,并进行了实算。

课后练习

1. 简述独立基础的类型。

2. 什么情况下独立基础的受力钢筋长度按基础宽度的 0.9 计算？

3. 筏形基础中,什么是高位板、低位板和中位板？

4. 图 7.53 为宿舍楼工程中 DJ-2 的平面图和剖面图,计算其钢筋。

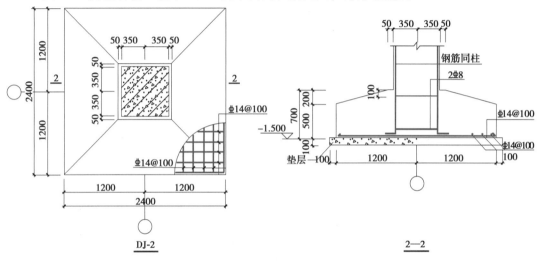

图 7.53　宿舍楼工程 DJ-2 的平面图和剖面图

参考文献

［1］中国建筑科学研究院.混凝土结构工程施工质量验收规范:GB 50204—2015［S］.北京:中国建筑工业出版社,2015.

［2］中华人民共和国住房和城乡建设部.建设工程工程量清单计价规范:GB 50500—2013［S］.北京:中国计划出版社,2013.

［3］重庆市城乡建设委员会.重庆市房屋建筑与装饰工程计价定额—第一册 建筑工程:CQJZZSDE—2018［S］.重庆:重庆大学出版社,2018.

［4］中国建筑标准设计研究院.混凝土结构施工图平面整体表示方法制图规则与构造详图（现浇混凝土框架、剪力墙、梁、板）:22G101—1［S］.北京:中国标准出版社,2022.

［5］中国建筑标准设计研究院.混凝土结构施工图平面整体表示方法制图规则与构造详图（现浇混凝土板式楼梯）:22G101—2［S］.北京:中国标准出版社,2022.

［6］中国建筑标准设计研究院.混凝土结构施工图平面整体表示方法制图规则与构造详图（独立基础、条形基础、筏形基础、桩基承台）:22G101—3［S］.北京:中国标准出版社,2022.

［7］中国建筑标准设计研究院.混凝土结构施工钢筋排布规则与构造详图（现浇混凝土框架、剪力墙、梁、板）:18G901—1［S］.北京:中国计划出版社,2018.

［8］中国建筑标准设计研究院.混凝土结构施工钢筋排布规则与构造详图（现浇混凝土板式楼梯）:18G901—2［S］.北京:中国计划出版社,2018.

［9］中国建筑标准设计研究院.混凝土结构施工钢筋排布规则与构造详图（独立基础、条形基础、筏形基础、桩基础）:18G901—3［S］.北京:中国计划出版社,2018.

［10］侯君伟.钢筋工手册［M］.3 版.北京:中国建筑工业出版社,2009.

［11］韩业财,李凯.钢筋平法识图与手工计算［M］.重庆:重庆大学出版社,2019.

［12］邵荣振,倪超,张金珠.钢筋工程量计算［M］.武汉:华中科技大学出版社,2015.